绿色食品标准解读系列
Lüse shipin biaozhun jiedu xilie

# 绿色食品
# 食品添加剂实用技术手册

中国绿色食品发展中心　组编

张志华　陈　倩　主编

中国农业出版社

**图书在版编目（CIP）数据**

绿色食品食品添加剂实用技术手册 / 张志华，陈倩
主编；中国绿色食品发展中心组编 . —北京：中国农
业出版社，2016.3
（绿色食品标准解读系列）
ISBN 978-7-109-21438-5

Ⅰ.①绿… Ⅱ.①张… ②陈… ③中… Ⅲ.①绿色食
品－食品添加剂－技术手册 Ⅳ.①TS202.3-62

中国版本图书馆 CIP 数据核字（2016）第 025209 号

中国农业出版社出版
（北京市朝阳区麦子店街 18 号楼）
（邮政编码 100125）
责任编辑 刘 伟 杨桂华

中国农业出版社印刷厂印刷 新华书店北京发行所发行
2016 年 3 月第 1 版 2016 年 3 月北京第 1 次印刷

开本：700mm×1000mm 1/16 印张：8.5
字数：170 千字
定价：28.00 元
（凡本版图书出现印刷、装订错误，请向出版社发行部调换）

# 丛书编委会名单

主　　任：王运浩
副 主 任：刘　平　韩沛新　陈兆云
委　　员：张志华　梁志超　李显军　余汉新
　　　　　何　庆　马乃柱　刘艳辉　王华飞
　　　　　白永群　穆建华　陈　倩
总 策 划：刘　伟　李文宾

# 本书编写人员名单

主　　编：张志华　陈　倩
副 主 编：张宗城　洪　红
编写人员（按姓名笔画排序）：
　　　　　王　燕　刘　正　何清毅　张会影
　　　　　张志华　张宗城　陈　倩　洪　红
　　　　　唐　伟　薛　刚

# 序

    "绿色食品"是我国政府推出的代表安全优质农产品的公共品牌。20多年来，在中共中央、国务院的关心和支持下，在各级农业部门的共同推动下，绿色食品事业发展取得了显著成效，构建了一套"从土地到餐桌"全程质量控制的生产管理模式，建立了一套以"安全、优质、环保、可持续发展"为核心的先进标准体系，创立了一个蓬勃发展的新兴朝阳产业。绿色食品标准为促进农业生产方式转变，推进农业标准化生产，提高农产品质量安全水平，促进农业增效、农民增收发挥了积极作用。

    当前，食品质量安全受到了社会的广泛关注。生产安全、优质的农产品，确保老百姓舌尖上的安全，是我国现代农业建设的重要内容，也是全面建成小康社会的必然要求。绿色食品以其先进的标准优势、安全可靠的质量优势和公众信赖的品牌优势，在安全、优质农产品及食品生产中发挥了重要的引领示范作用。随着我国食品消费结构加快转型升级和生态文明建设战略的整体推进，迫切需要绿色食品承担新任务、发挥新作用。

    标准是绿色食品事业发展的基础，技术是绿色食品生产的重要保障。由中国绿色食品发展中心和中国农业出版社联合推出的这套《绿色食品标准解读系列》丛书，以产地环境质量、肥料使用准则、农药使用准则、兽药使用准则、渔药使用准则、食品添加剂使用准则以及其他绿色食品标准为基础，对绿色食品产地环境的选择和建设，农药、肥料和食品添加剂的合理选用，兽药和渔药的科学使用等核心技术进行详细解读，同时辅以相关基础知识和实际操作技术，必将对宣贯绿色食品标准、指导绿色食品生产、提高我国农产品的质量安全水平发挥积极的推动作用。

农业部农产品质量安全监管局局长

2015 年 10 月

食品添加剂的正确使用可保持或提高食品本身的营养价值，提高食品的质量和稳定性，改进其感官特性；此外，还便于食品的生产、加工、包装、运输或者储存，而且也可作为某些特殊膳食用食品的必要配料或成分。我国农产品，尤其是绿色食品加工业的发展以及食品的质量安全离不开食品添加剂的正确使用。

近年来，我国食品工业得到了长足的发展，满足了社会消费需求，扩大了出口创汇。但是，食品品种的日益创新及消费者对食品质量安全要求的不断提高，促进了生产中食品添加剂使用品种的增加和投入量的规范。同时，从安全的角度进一步审核了食品添加剂的取舍。我国《食品安全国家标准　食品添加剂使用标准》发布实施后，原有的农业行业标准《绿色食品　食品添加剂使用准则》（NY/T 392—2000）已不能完全与之协调。而且，自2000年以来，联合国及世界经济发达地区和国家进行了大量的食品添加剂性质和安全使用方面的研究，得出了许多科学结论。通过动物试验和临床试验，对每种食品添加剂确定了日允许摄入量（ADI），并依次提出适合本地区、本国的食品中最高残留限量（MRL），用于各类食品中。同时，审视了原有的食品添加剂，禁用了一些对人体有慢性危害的食品添加剂。《绿色食品食品添加剂使用准则》（NY/T 392—2013）依据上述国家标准和国际上取得的新进展，修订了原标准，在绿色食品生产中提出了食品添加剂使用的原则和规定，删除了面粉处理剂和已不属于食品添加剂的过氧化苯甲酰等，规定了禁用的部分食品添加剂。本书就绿色食品生产中使用的食品添加剂功能类别、标准解读以及禁用食品添加剂品种进行了详尽的论述，旨在向绿色食品生产的从业人员提供标准化的食品添加剂使用信息，规范绿色食品生产中食品添加剂的使用，对我国绿色食品的食品安全具有明显的促进作用。

　　本书主要介绍了食品添加剂的定义、功能类别；国内外食品添加剂使用标准；《绿色食品　食品添加剂使用准则》（NY/T 392—2013）的解读；为符合尽量不用或少用食品添加剂的原则，绿色食品生产的工艺具有一定的科学性、先进性和实用性。本书可供农业技术推广人员、绿色食品生产从业人员及涉农院校有关专业师生参考。

　　本书在编写过程中，参考了近年来联合国食品法典委员会、欧盟、美国和日本的标准，以及我国现行有效的国家标准。但由于专业知识范畴有限，书中不妥之处在所难免，敬请各位同行和读者批评指正。

编　者

2015 年 11 月

# 目 录

# 第 *1* 章

# 食品添加剂概述

随着现代食品工业的崛起，食品添加剂的地位日益突出。世界各国批准使用的食品添加剂品种越来越多。中国作为食品生产和消费大国，当然也不例外。目前，中国批准使用的食品添加品种已近 2 000 种（包括食品用香料）。食品添加剂在生活中已无处不在。可以说，没有食品添加剂的合理开发，就没有现代食品工业，就不能满足社会对日益增长的食品需求。但是，食品添加剂在促进食品工业发展的同时，滥用及非食品添加剂的违法添加引发的食品安全问题也不容忽视。目前，我国在食品添加剂的生产、使用和管理方面的法规和标准也在不断健全和完善，《食品安全法》和《食品安全国家标准　食品添加剂使用标准》（GB 2760—2014）是我国食品添加剂生产和使用的基本准则。随着我国人民生活水平的提高和食品工业的发展，加工食品的品种日益增多，更多的食品添加剂被开发出来。我国不断对食品添加剂进行科学的分析，淘汰有害的品种，增加有益的品种。食品添加剂的合法、合理使用关系到食品的质量安全，关系到食品的多样性和人民生活的需要。

## 1.1　食品添加剂定义

食品添加剂，指为改善食品品质和色、香、味，以及为防腐、保鲜和加工工艺需要而加入食品中的人工合成物质或者天然物质。食品用香料、胶基糖果中基础剂物质、食品工业用加工助剂也包括在内。对该定义需要说明以下几点。

### 1.1.1　食品添加剂的毒理评价

食品添加剂的毒理评价是决定其列入食品添加剂的最重要因素。不安全的物质，无论是天然的还是人工合成的，均不能作为食品添加剂。除了毒理评价为安全外，使用的规范也关系到安全。我国食品添加剂经毒理评价应该是安全的。所谓毒理评价，是采用国际上公认的毒理学评价方法，方法多样，最重要的是日允许摄入量（ADI）及由此计算的最高残留限量（MRL）。发布 ADI 值的组织是联合国粮农组织（FAO）和世界卫生组织（WHO）下属的食品添加剂联合专家委员会（JECFA）。1976 年至今，该委员会依据各国研究成果制定日允许摄入量，作为评价食品添加剂毒理学安全性的指标。同时，联合国发布了食品添加剂摄取量简易评价指南，确定了在良好生产规程（GMP）条件下，依据饮食结构，计算具有一定毒性的食品添加剂在各类或各种食品中的最高残留限量，作为国际标准发表。以便各国根据本国饮食结构计算适用于本国的 MRL，对各种食品添加剂进行评价。

确定 ADI 值的过程：对多组大鼠等试验动物喂料某种食品添加剂，喂料量是单位大鼠体重的喂料克数。各组的喂料量都不同，喂后随时观察大鼠生理副反应，由平均摄入量和极端摄入量分别计算"无显示副反应浓度"（NOAEL，no-observed-adverse-effect-level），这是试验动物的允许承受量。将其缩小 10 倍，折算到人的允许承受量；再缩小 10 倍，折算到人的安全摄入量（婴儿更严一些），总共缩小 100 倍。得出 ADI 值，作为全世界共用的食品安全摄入指标，其单位为毫克每天每千克体重 [mg/(d·kgbw)]。

在计算 MRL 值时，参考的体重为 60 千克（成人）。不考虑人的个体差异，如性别、年龄、体质、病史等。我国饮食结构与世界性普遍饮食结构稍有不同，发布的 MRL 值可与 JECFA 发布的稍有差异。例如，我国人口的粮食日摄入量较大，则粮食中的食品添加剂 MRL 值可严一些；而乳制品日摄入量较小，则乳制品中的食品添加剂 MRL 值可松一些。

当某种物质要作为食品添加剂，则先确定它的最大用量，然后计算被添加食品的最大摄入量，计算成人日摄入量。若小于国际发布的 ADI 值，则为安全，可作为食品添加剂；否则，不安全，不可作为食品添加剂。

目前，ADI 值是由联合国 JECFA 发布。但欧盟也做出部分补充性的 ADI 值。我国成立了食品安全评价机构，也可以依据科学资料发布 ADI 值。

除了 ADI 值外，国际上常用的毒理评价指标还有半致死量（$LD_{50}$）、半致死浓度（$LC_{50}$）等，但很少使用，且逐渐被 ADI 值法替代。

## 1.1.2　食品品质

所谓食品品质，包括色、香、味及其他品质。仅使用主辅料生产出的食品，不一定具有良好的品质。尤其在完成生产后的储运期，受环境的影响可以使食品品质下降，甚至变得不安全。人们对各种食品的品质要求是多样的。例如，食用盐的品质之一是具有均匀的分散度，即使在湿度较大的环境下也不结块，为此在食盐生产中适量添加抗结剂。又如，面包的品质之一是具有疏松的口感，在湿度较小的环境下也不变硬，为此在面包生产中适量添加水分保持剂。

色、香、味是引起食欲的第一感官条件。有些食品，尤其是加工食品，在加工过程中使食品原料的色、香、味变差，甚至引起消费者对食品本质的怀疑。如水果制成果酱时，水果原料打浆、杀灭菌后，因接触氧气和加热会发生不同程度的褐变。有的变为褐色浆状，如草莓、梨等；而水果中的香味也挥发大部分，没有香味，口感就大打折扣。因此，加入食品添加剂是为了恢复人们对食品原料固有的感官。

除了色、香、味外，防腐和保鲜也有重要的作用。防腐既针对初级农产品，又针对加工食品。引起食品腐败的主要因素是微生物，这些微生物几乎均为好氧菌。它们在食品中吸取空气或食品中的氧气，以食品中的蛋白质、脂肪、碳水化合物等为营养物质，在食品中滋生和繁殖。在这个过程中排出二氧化碳和有机酸等代谢物质，使食品发生酸败变质。因此，食品的腐败与微生物和氧气紧密相关的。对初级农产品来说，微生物和氧气来自与初级农产品直接接触的环境。同时，有些初级农产品收获后仍有生命活动，例如，水果在储存期仍有呼吸作用，只是轻微到不易察觉而已。这种呼吸导致水果的"后熟"，也促使腐败的加快。因此，新鲜水果表面可涂一层巴西棕榈蜡，抑制水果呼吸。加工食品的防腐措施主要为有效的杀灭菌和包装，但许多加工食品无法或不能完全隔绝环境，腐败在所难免。在这种情况下，使用防腐剂来杀灭或抑制细菌成为有效的办法。如瓶装液态的饮料和调味品和裸装的熟食等。

保鲜是为了保持食品的新鲜程度，是针对初级农产品，包括植物性食品和动物性食品。保鲜的原理是抑制呼吸，保持水分，减缓成熟。除上述水果表面涂一层巴西棕榈蜡以外，动物性食品的典型例子是新鲜鸡蛋。鸡蛋产下后，依靠鸡蛋内气室中的空气进行生命活动，尽管蛋壳结构致密，但其表面气孔可通过细菌造成腐败。因此，鸡蛋表面可涂一层液体石蜡，既阻挡空气进入，减缓呼吸，又防止细菌侵入而腐败，达到保鲜效果。

### 1.1.3 加工效果的改进

加工效果是食品经过加工，达到满足加工食品需要的成效。生产过程中可以从多方面加以改进，例如，提高加工设备性能，优化工艺条件，改进包装、储存和运输条件等。但工业生产除了效果外，还要考虑成本，包括能耗、设备折旧等。在保证食品安全的前提下，应用食品添加剂能达到事半功倍的效果。例如，生产调制乳需进行充分的乳化，为了提高乳化效果，使水相和油相原料能充分乳化，在储存、运输过程和保质期内保持均匀的乳浊液，不发生分层和沉淀。生产工艺需要将原料粉碎到足够小，甚至达几微米，还需将搅拌速度加大，加工温度提高，将以上粒度、速度和温度匹配到一定程度后才能奏效。这样，不仅加大生产成本，而且难以控制因原料变化所致的工艺条件。因此，使用乳化剂，如蔗糖脂肪酸酯，可降低生产成本，且简化了工艺条件。只要添加量合适，水相和油相原料的品种、含量有变化，也能达到良好的乳化。不至于改变其他工艺条件，成为稳定生产的一个可靠保障。

# 1.2　食品添加剂分类

## 1.2.1　按来源分

### 1.2.1.1　人工合成食品添加剂

人工合成食品添加剂又称化学合成食品添加剂，这类食品添加剂是工业生产的产品，它定义为由人工合成的，经毒理学评价确认其食用安全的食品添加剂。例如苋菜红、柠檬黄、β-胡萝卜素等。人工合成的方法很多，可归结为以下两类：

**（1）有机化学合成**

由有机物与另一种或一种以上化学物质反应生成一种化学物质。例如，苋菜红是由 1-萘胺-4-磺酸钠，经重氮化制成。

**（2）无机化学合成**

由两种无机物反应生成一种化学物质。例如，硫酸二氢钾是由硫酸和氢氧化钾合成。

### 1.2.1.2　天然食品添加剂

天然食品添加剂，是以物理方法、微生物法或酶法从天然物中分离出来，不采用基因工程获得的产物，经过毒理学评价确认其食用安全的食品添加剂。

用物理方法、微生物法或酶法从天然物中分离出的物质，基本保留原来天然物质中该物质的化学成分，物理、化学和生物特性。因此，这分离出来的物质与天然物质一样是安全的（不包括有害天然物质），如玫瑰茄红、越桔红、高岭土、硅藻土等。

常见的物理方法为提取，根据被提取物的化学性质，可以采用不同的天然提取剂，如水、天然乙醇等，将有用成分提取出来。果胶是以柠檬、柑橘类水果的内果皮或以葵花盘等为原料，经破碎、萃取、提纯、浓缩、喷雾而制得。也可将无用的成分脱除出来，留下有用成分。例如，磷脂是以大豆、葵花籽等植物油籽料或其加工副产物为主要原料，经脱水、脱杂、脱色或脱脂等工序而制得。

常用的微生物方法为发酵法。例如，以淀粉或糖质为原料，经乳酸杆菌发酵生成乳酸，作为食品添加剂。

常用的酶法为酶解法，即以酶作为有机催化剂，在一定酸碱度条件下，将有机物（称为酶促反应中的底物）酶解成产品（称为酶促反应中的生成物）。例如，呈味核苷酸二钠是以淀粉或糖质为原料，经酶解而制得，另外还有红曲米、冰乙酸等。

从天然物质（农产品）提取后可以经过工艺加工，最终制成食品添加剂。例如，经过氢化制成山梨糖醇液、木糖醇等，经过加碱制成海藻酸钠、甘草酸钾盐等。这些工艺制得的食品添加剂在成分结构和物化特性上，与天然物质中所含成分相比基本没有变化，所用的氢化和加碱等工艺均用安全性的原料（国际上有机食品允许用的氢氧化钠等）。

## 1.2.2　按功能分

一种食品添加剂往往具有多种功能。例如，海藻酸丙二醇酯的功能为增稠剂、乳化剂和稳定剂，其主要功能为增稠剂；麦芽糖醇的功能为甜味剂、稳定剂、水分保持剂、乳化剂、膨松剂和增稠剂，其主要功能为甜味剂。标准中列入的食品添加剂功能类别是其主要功能。食品添加剂功能类别包括三大类。

### 1.2.2.1　单一功能食品添加剂

这里所谓单一功能是指主要功能，这类食品添加剂可分为以下 23 个亚类。

#### 1.2.2.1.1　酸度调节剂

用以维持或改变食品酸碱度的物质。可用酸性的酸度调节剂调节食品加工过程中的碱性中间产品，如果汁生产中的水果原料，经清洗后用碱脱皮、脱核，浆液呈碱性，再用富马酸、柠檬酸或酒石酸调节酸度。也可用碱性酸度调节剂调节酸性的中间产品或终成品，如经发酵生产的糕点，当口感过酸时，用碱性的碳酸氢三钠调节酸度至适中。

### 1.2.2.1.2　抗结剂

用于防止颗粒或粉状食品聚集结块，保持其松散或自由流动的物质。粉状或粒状食品中主要有两种食品容易受潮结块。一种是具有强烈吸水性成分的食品，如食盐，其氯化钠很易吸收空气中的水分而结块，可用抗结剂柠檬酸铁铵等；另一种是含糖量较高的食品，如奶粉，其乳糖含量可高达 30% 左右，乳糖吸收水分后，增加表面黏度而结块，可用抗结剂硅酸钙等。

### 1.2.2.1.3　消泡剂

在食品加工过程中降低表面张力，消除泡沫的物质。消泡剂作为一个亚类食品添加剂，同时具有其他功能，且消泡剂还不是主要功能，目前尚无将消泡剂作为主要功能的食品添加剂。例如，丙二醇是消泡剂，但它的主要功能是稳定剂和凝固剂。有些食品加工过程中需将原料磨细，如采用胶体磨，磨细同时进行打浆。这时，由于蛋白质等可溶性成分进入水中，使水的表面张力加大，形成大量泡沫，影响计量和进一步加工，就需使用消泡剂。如糕点生产中使用丙二醇消除泡沫。

### 1.2.2.1.4　抗氧化剂

能防止或延缓油脂或食品成分氧化分解、变质，提高食品稳定性的物质。多数食品含有一定量的脂肪，在消费前的储存、运输过程中，会不同程度地发生氧化，尤其是油脂产品。氧化的内因是脂肪酸的不饱和程度及精炼不彻底残留的水分、杂质；氧化的外因是环境中的氧气、水分、温度、光照及起催化作用的重金属。油脂的氧化严重降低了食品的质量，主要表现在两个方面。一是滋气味劣变，起初发生腥臭味，然后发生氧化酸败或水解酸败形成酸败臭和哈喇味；二是回色，油脂色泽变深，回到毛油的色泽。

除油脂发生氧化外，食品中其他还原性成分也可发生氧化而变质，如果蔬汁中的维生素 C。

常用的抗氧化剂有丁基羟基茴香醚（BHA）、二丁基羟基甲苯（BHT）、没食子酸丙酯（PG）、特丁基对苯二酚（TBHQ），还有茶多酚、抗坏血酸、磷脂、植酸等。它们在食品中抢先结合氧气，而保护食品中的易氧化物质。

### 1.2.2.1.5　漂白剂

能够破坏、抑制食品的发色因素，使其褪色或使食品免于褐变的物质。植物性食品中会存在不想有的色泽，其原因主要是个体成熟度不一，使食品整体色泽不均；另外，在植物酶的作用下发生褐变。随着储存、运输过程时间的延长，这种不想有的色泽日趋明显。漂白剂有氧化型和还原型两种，我国常用的是还原型，以硫的还原性化合物为主，如二氧化硫、亚硫酸盐、焦亚硫酸盐等，这里的盐类为钠、钾盐。主要用于蔬菜、水果的加工食品中。漂白剂的作用主要有以下 3 个：

**(1) 抑制氧化酶**

如亚硫酸盐可有效降低氧化酶的活度，抑制其酶促反应，不发生褐变。

**(2) 阻止显色反应**

如亚硫酸盐可与食品中葡萄糖发生加成反应，阻止葡萄糖与蛋白质发生曼拉特反应而生成褐色的曼拉特反应物。

**(3) 抑制好氧菌**

如亚硫酸盐能吸收加工产品（果汁、葡萄酒等）中溶解氧，阻止好氧菌繁衍。因此，漂白剂往往又是防腐剂。

### 1.2.2.1.6　膨松剂

在食品加工过程中加入的、能使产品发起形成致密多孔组织，从而使制品具有膨松、柔软或酥脆特性的物质，还可称为膨胀剂、疏松剂、发粉。主要为碳酸盐（如碳酸钙）、磷酸盐（如焦磷酸二氢二钠）、铵盐（如磷酸氢二铵）、糖醇类（如 D-甘露糖醇、麦芽糖醇）、聚葡萄糖及羟丙基淀粉等。它们在化学反应中能产生气体，主要用于面团的发泡。产气反应的程度受温度、酸碱度、面团坚韧程度的影响。醒面时发生初次产气反应，烘烤或油炸时可第二次产气，使食品具有更大的空隙，形成膨松、柔软的物理性状。

复合膨松剂的使用效果比单一品种的膨松剂好，它一般有 3 种成分：

**(1) 碳酸盐**

含量为 20%～40%，产生二氧化碳气体。如碳酸钙。

**(2) 酸性盐或有机酸**

含量为 35%～50%，主要作用是与碳酸盐反应产气，控制反应速度，调节酸碱度。如柠檬酸。

**(3) 助剂**

含量为 10%～45%，主要作用是调节产气速度，使气体均匀产生，同时可防止复合膨松剂受潮，如淀粉。因此，复合膨松剂比单品种膨松剂应用更广，市售的有发酵粉、泡打粉等。

### 1.2.2.1.7 胶基糖果中基础剂物质

又称胶基，胶基糖果中基础剂物质作为一个亚类食品添加剂，具有被膜剂功能，且胶基糖果中基础剂物质还不是主要功能，目前尚无将消泡剂作为主要功能的食品添加剂。例如，紫胶、硬脂酸和松香季戊四醇酯。

### 1.2.2.1.8 着色剂

使食品赋予色泽和改善食品色泽的物质。食品色泽是其感官的重要指标，反映新鲜度、成熟度和品质优劣，是消费者食欲的重要感官依据。着色剂按来源可分为天然着色剂和人工合成着色剂。按成分细分，前者又可分为酮类、醌类、多酚类、多烯类等；后者又可分为偶氮类、氧蒽类、二苯甲烷类等。

着色剂使用时需考虑的几个重要性质：

**（1）色泽**

应选择代表食品优质状态表现的色泽，如草莓酱的红色、奶油冰淇淋的蛋黄色等。着色前可选用不同色泽的着色剂，按一定比例复配后制成预想的色泽，进行着色。

**（2）溶解性**

着色剂分为水溶性和脂溶性。天然着色剂既有水溶性，又有脂溶性；而人工合成着色剂一般都为水溶性，便于使用。当油脂类食品需用水溶性着色剂，或水溶性食品需用脂溶性着色剂时，可以加入乳化剂。当各种着色剂在水或油中的溶解度达到着色目的时，就不必加入乳化剂。考核溶解度时应依据被着色食品实际的理化性质，如保存温度、酸碱度、含有的阴阳离子及化合物等，以便在实际条件下获得良好着色效果。

**（3）染着性**

它取决于被着色食品的表面性质和着色剂性质。具有不同基团的着色剂，对同一食品有不同的染着程度。因此，选择着色剂时应考虑其成分、结构和基团。而对于食品表面性质来说，表面粗糙，即比表面积大，则容易着色；反之，则不易着色。若食品表面有蜡质，则应去除后再着色。

**（4）坚固性**

它决定着色食品在保质期内是否保持恒定的色泽。着色剂的坚固性是受外界理化条件变化时着色的稳定程度，它主要反映在以下方面：一是温度稳定性，能经历冷冻、冷藏、常温、高温加工；二是酸碱稳定性，着色剂适用酸碱度应包含被着色食品实际的酸碱度；三是氧化还原稳定性，着色剂能适应食品氧化后的条件，这种氧化往往是空气或食品水分中溶解氧的作用；四是光稳定性，着色剂能适应长期光照，包括其中紫外线的影响。

天然着色剂是从动植物、微生物提取的色素，以植物为多。这些植物包括食物和药物，如番茄红、红米红、姜黄等。提取天然着色剂的动植物、微生物都是人类通过长期的实践和观察确认为安全的。但自然界中有色植物有上千种，对于没把握的，必须经过毒理评估确认为安全。

#### 1.2.2.1.9　护色剂

能与食品中呈色物质作用，使之在食品加工、储存等过程中不致分解、破坏，呈现良好色泽的物质。护色剂本身不具有颜色，但能与食品中的呈色物质作用，保持其颜色。护色剂主要用于带有色泽的加工食品，如肉制品中使用的硝酸钠、硝酸钾、亚硝酸钠、亚硝酸钾。另外，还用于腌渍蔬菜的葡萄糖酸亚铁，用于浓缩果蔬汁（浆）和葡萄酒的异抗坏血酸和异抗坏血酸钠盐。

#### 1.2.2.1.10　乳化剂

**（1）概述**

能改善乳化体中各种构成相之间的表面张力，形成均匀分散体或乳化体的物质。食品的物理状态是其感官的重要项目之一，保持固有的物理状态表示并未发生腐败，而固有物理状态被破坏，则表示已腐败变质。但有些物理状态的变化很微弱，如微生物繁衍产气，在瓶装饮用水中含气体不易被察觉，而形成絮状悬浮物则能仔细观察到。

从宏观角度看，食品的固有物理状态是态。有固态，如面粉；液态，如饮料；固液态，如牛奶。再进一步看是相，一个态中可以具一个或多个相，尤其在液态中，主要分为水相和油相。所谓相，是指理化性质完全相同的集合。例如，牛奶是固液态，其中固态是不溶性蛋白质等微粒，以再小一点的集合称为固相。液态有水相和油相，水相由水、可溶性蛋白质、乳糖、水溶性维生素和矿物质等组成；油相由脂肪、脂溶性维生素等组成。因此，牛奶是固相、水相、油相三相均匀混合的食品。

从食品的固有物理状态的均匀性来分，可分为非均相食品和均相食品。前者如糖水水果罐头等，其中的固相和液相界限明显，分布不均；后者如饮料等，其中的固相和液相界限不明显，分布均匀。

固态均匀地分布在液态中的条件是固态颗粒粒径小到一定程度，表面张力大于其重力，就均匀地分布在液态中。为此，食品工业经常使用胶体磨，将固体食品原料加水的混合原料打浆成微小颗粒，并经离心泵或尼龙布过滤，获得均匀微小颗粒。视液态成分决定颗粒大小，一般在 200 目左右。

液态中水相和油相的混合主要取决于 3 个条件。第一，有乳化剂；第二，充分搅拌，将油相（或水相）颗粒打碎到充分小的程度；第三，加热，加快分子布朗运动，促进水相和油相混匀，这个过程称为乳化。当油相颗粒均匀分散在水相中时，这样的体系称为水包油型体系（O/W），如含乳饮料；当水相颗粒均匀分散在油相中时，这样的体系称为油包水型体系（W/O），如奶油。

**（2）分类**

　　乳化过程中乳化剂是一个关键因素。乳化剂的分子特点决定其乳化能力，按乳化剂在水中的电离状况可分以下几种类型：

　　①离子型乳化剂。离子型乳化剂按电离出离子的阴性、阳性，细分为以下几种：一是阴离子型乳化剂。如六偏磷酸钠、硬脂酰乳酸钠等，在水中电离出阳离子（钠离子），乳化剂分子中留下阴离子（六偏磷酸根、硬脂酰乳酸根），用以结合水分子；二是阳离子型乳化剂。此类型与上述类型正相反，在水中电离出阴离子，乳化剂分子中留下阳离子，用以结合水分子；三是两性离子型乳化剂。分子中同时具有以上两种情况。

　　②非离子型乳化剂。此类型并不发生水中电离，而是以其分子中含氢基团，如羟基（—OH）、羧基（—COOH）、氨基（—$NH_2$）、酰氨基（—$CONH_2$）中的氢与水分子结合。最常用的非离子型乳化剂为山梨醇酐脂肪酸酯（司盘系列，即司盘 20、司盘 40、司盘 60、司盘 65、司盘 80）和聚氧乙烯山梨醇酐脂肪酸酯（吐温系列，即吐温 20、吐温 40、吐温 60、吐温 80）。

　　以上所有类型的乳化剂的分子另一头均能结合油分子。因此，通过乳化剂分子，一头结合水分子，另一头结合油分子，达到水油混合的乳化效果。

**（3）使用**

　　乳化剂的使用量应尽量小，只要达到预想目的即可。确定乳化剂使用量的因素主要有以下几点：

　　①亲水亲油平衡值（HLB）。每种乳化剂都有一个 HLB 值，选择乳化剂时应选择其 HLB 值与油相中油脂所需值相当，这样形成的乳浊液稳定。若选用两种或两种以上（同种类型）的乳化剂，则依据配比算出加权平均值为最终的 HLB 值。

　　②最终形成食品的黏度。例如，使用司盘和吐温系列制成食品，一般来说黏度要比其他乳化剂制成食品的黏度大。

　　③最终形成食品的色泽和气味。例如，吐温 80 色泽与吐温 20 色泽不同，使用后成品的色泽也不同。

#### 1.2.2.1.11 酶制剂

由动物或植物的可食或非可食部分直接提取，或由传统或通过基因修饰的微生物（包括但不限于细菌、放线菌、真菌菌种）发酵、提取制得，用于食品加工，具有特殊催化功能的生物制品。酶制剂的成分为蛋白质，具有蛋白质的所有性质。但它是具有生物活性、催化作用的蛋白质，而不同于普通蛋白质。它参与的化学反应称为酶促反应，反应物称为底物，生成物称为产物。酶促反应中酶的用量以活度计。国际酶化学学会定义酶的活度为在一定条件下，1min 内将 $1\mu mol$ 底物转化成产物的酶量称为 1 个国际单位（IU）。上述一定条件下是指不影响酶促反应的适宜条件，例如适宜的温度，没有重金属离子，适宜的酸碱度（不同酶促反应需不同的pH，但 pH 基本在 7 左右）。商售的酶制剂为国际单位每毫克（IU/mg），一般来说，国际单位每毫克（IU/mg）越高，杂质越少，价格越贵。价格增加的倍数超过其国际单位每毫克增长的倍数。

酶制剂应用于食品工业的主要优点如下：

**(1) 酶促反应条件简单**

在常温条件下即可，若要适当加快反应，可提高少许温度，但不可超过 37℃。超过此温度，酶开始失活，使酶促反应失败。虽然反应条件简单，但应适当控制 pH，且不得有重金属等杂质，以防酶失活。

**(2) 酶促反应特异性强**

反应后不会形成不希望有的杂质，因此产品质量好，纯度高。

**(3) 生产成本低**

作为催化剂，在生产中损耗量小。酶制剂的开发和市场化，使酶制剂称为低廉的食品添加剂。

目前，使用酶制剂的食品加工业日益增多。例如，由玉米淀粉制作各种淀粉糖浆、调味剂酱油和醋等。常用的酶制剂有用于淀粉糖浆生产的淀粉酶、用于干酪生产的凝乳酶等。

#### 1.2.2.1.12 增味剂

补充或增强食品原有风味的物质，又称鲜味剂。它不影响食品原有的味道，只是使用量达到一定数值时，增强食品的原有味道。当使用浓度过大时，不但达不到增味效果，甚至会出现怪味。因此，增味剂的使用量是增味效果的重要因素。增味剂的种类甚多，主要有以下几种：

**(1) 氨基酸类**

如甘氨酸（氨基乙酸）、L-丙氨酸，一般氨基酸都带有一定的滋味，但增味效果各异，不能都作为增味剂使用。而甘氨酸、L-丙氨酸增味效果明显，它们主要用于调味品，甘氨酸还可用于肉制品、果蔬汁（浆）饮料和植物蛋白饮料。

**（2）琥珀酸盐类**

如琥珀酸二钠，它是动物肉中呈味的主要成分。无论是肉中提取的天然琥珀酸二钠还是人工合成琥珀酸二钠，均是味道鲜美的增味剂，且有较强的热稳定性，主要用于酱油、蚝油等调味品。

**（3）其他类**

如辣椒油树脂，主要用于复合调味料，增强其鲜味和辣味。也可用于再制干酪、腌渍蔬菜和膨化食品等。

**1.2.2.1.13　面粉处理剂**

促进面粉的熟化和提高制品质量的物质。面粉的熟化是面粉制成干面制品（如挂面）和湿面制品（如切面以及用于制作各种面制品的面团）过程中的一个工艺，即面粉加水，和面，然后醒面熟化。在熟化过程中发生淀粉的变性，增加黏稠度。常用的面粉处理剂为 L-半胱氨酸盐酸盐，用于发酵面制品、生湿面制品（如面条、饺子皮等）和冷冻米面制品。

**1.2.2.1.14　被膜剂**

涂抹于食品外表，起保质、保鲜、上光、防止水分蒸发等作用的物质。保持食品应有的水分是维持食品原有质量的重要方法。被膜剂主要呈蜡状或胶状，能在食品表面形成均匀的薄膜，降低食品表面水分蒸发。对于新鲜水果和蔬菜，可以抑制其呼吸，降低呼吸速率，延长保质期。同时，防止环境中的微生物侵袭食品，造成腐败。被膜剂是用于鲜果、鲜菜、鲜蛋的最常用的食品添加剂。从这个意义上讲，食品添加剂不仅用于加工食品，还用于鲜果、鲜菜、鲜蛋类农产品。常见的被膜剂有液体石蜡、巴西棕榈蜡、果蜡（吗啉脂肪酸盐）和紫胶等。

**1.2.2.1.15　水分保持剂**

有助于保持食品中水分而加入的物质。被膜剂是靠涂抹于食品外表，防止蒸发来保持食品水分。而水分保持剂是靠加入食品内部保持水分，这种保持的机理主要有以下几种：

（1）加入能与食品中水分充分混合的油脂，而使水分持留在食品中，如丙二醇。

（2）加入能与食品中水分充分结合成水合盐类的磷酸盐，而使水分持留在食品中，如磷酸钙、磷酸氢钙、磷酸二氢钾、焦磷酸钠等。

（3）加入能与食品中水分充分结合成内酯类的有机物，如聚葡萄糖等。

水分保持剂应用的食品很广，除粉状食品外，几乎所有含水分的食品均需保持水分。使用水分保持剂，尤其是生湿、发酵和烘烤米面制品。另外，也常用于果冻、肉灌肠类、蛋黄酱和沙拉酱等。

#### 1.2.2.1.16　营养强化剂

为了增加食品的营养成分（价值）而加入到食品中的天然或人工合成的营养素和其他营养成分。

营养成分包括维生素类 [维生素 A、维生素 $B_1$、维生素 $B_2$、维生素 $B_6$、维生素 $B_{12}$、维生素 C、维生素 D、维生素 E、维生素 K、$\beta$-胡萝卜素、烟酸（尼克酸）、叶酸、泛酸、生物素、胆碱、肌醇]、矿物质类（铁、钙、锌、硒、镁、铜、锰、钾、磷）和其他 [L-赖氨酸、牛磺酸、左旋肉碱（L-肉碱）、$\gamma$-亚麻酸、叶黄素、低聚果糖、1,3-二油酸 2-棕榈酸甘油三酯、花生四烯酸（AA 或 ARA）、二十二碳六烯酸（DHA）、乳铁蛋白、酪蛋白钙肽、酪蛋白磷酸肽]。

所谓营养素是指食物中具有特定生理作用，能维持机体生长、发育、活动、繁殖以及正常代谢所需的物质，包括蛋白质、脂肪、碳水化合物、矿物质、维生素等。所谓其他营养成分是指营养素以外的具有营养和（或）生理功能的其他食物成分。

营养强化剂用于需要强化营养的特殊人群，这类食品主要是婴幼儿配方食品、特殊膳食用食品。

#### 1.2.2.1.17　防腐剂

防止食品腐败变质、延长食品储存期的物质。除了违法添加非食品化学物质外，食品的主要风险是微生物风险，它比化学风险和物理风险发生的频次高，危害大。

食品加工中杀灭微生物的方法有以下 3 种：

**（1）辐射**

可采用钴 60 或 $\gamma$ 射线照射。当照射一定时间，达到一定剂量，即可奏效。这种方法的优点是简便，可以对各种包材的包装食品完成杀灭菌。

**（2）加热**

可对食品加热杀灭菌后进行无菌包装，也可对包装食品加热杀灭菌，但包材应坚固、导热较好。加热的温度分为两大类，一类是巴氏杀菌，另一类是超高温灭菌（详见第三章 3.3 "绿色食品加工产品生产"）。

**（3）防腐剂**

由于有的食品不宜加热或难觅辐射源，因此使用防腐剂是最为普遍的防腐方法。防腐剂分为两大类，一类是化学防腐剂，如苯甲酸及其钠盐、山梨酸及其钾盐；另一类是微生物防腐剂，如乳酸链球菌素、纳他霉素

（抑制和杀灭霉菌）。

防腐剂广泛用于加工食品中，防腐效果取决于以下因素：

①杀灭菌广谱程度。每种防腐剂仅对部分细菌或真菌有效。为了起到广谱作用，往往添加两种或多种防腐剂，在选择时，这些防腐剂应发挥增效作用，而避免拮抗作用。

②使用量。尽管国家规定使用限量，但过低的使用量起不到效果。而且，当食品中微生物不多时，使用量小一点就能奏效；当食品中微生物繁衍到一定程度时，使用量大一点，才能奏效。在生产实践中，添加防腐剂前并不能定量知道微生物的数量，因此，防腐剂的添加量一般都接近限量。

③溶解度。防腐剂的防腐作用是在水溶液中发挥的，有的防腐剂在水中发生电离后阴阳离子起到防腐作用。例如，苯甲酸钠电离的苯甲酸根能起到防腐作用。因此，防腐剂在水中的溶解度是重要因素。

④酸碱度。如上所说，溶解度是重要因素，而影响溶解度的是溶液的酸碱度（pH）。也就是说，各种防腐剂适用的最佳 pH 是不同的。为此，针对不同酸碱度食品选用不同的防腐剂。

⑤介质成分。食品中成分多种多样，有的促进防腐。例如，含乙醇的食品，滋味极端的极甜、极咸、极酸、极辣食品，这些食品中微生物不易滋生，可以不用或少用防腐剂，也不会腐败；若以上滋味不是极端，而是较浓，则稍加防腐剂就可奏效。

### 1.2.2.1.18 稳定剂和凝固剂

使食品结构稳定或使食品组织结构不变，增强黏性固形物的物质。1.2.2.1.10 乳化剂使用中介绍了复杂物理状态的食品具有固相、水相和油相，使用乳化剂将该体系实施乳化，达到均匀状态。但这种均匀状态是暂时的，由于受到分子的布朗运动、颗粒的重力导致颗粒的沉降运动、带电颗粒的排斥和吸引作用，使得带电颗粒聚集，导致整个体系过一段时间又恢复到非均匀状态，固相、水相、油相发生部分分离，如油相的脂肪上浮或固相沉底；也可发生完全分离，即脂肪上浮、固相沉底都出现，而中间部分为水相。例如，易拉罐装的植物蛋白饮料，灌装时为均匀状态，储存期看不见罐内的物理状态，过一段时间开罐，倒出植物蛋白饮料时，发现脂肪上浮、固相沉底。因此，生产时使用乳化剂实施食品的乳化，并非是永久的物理状态，它会逐渐变为非均匀状态，符合化学热力学理论中熵变规律，这种现象称为破乳。均匀状态保持的时间，或转化为非均匀状态的起始时间取决于两个因素，一个是乳化程度，即固相、油相、水相中被包裹的相物质颗粒的大小。例如，水包油型体系（O/W）的植物蛋白饮料，固相的固体颗粒和油相的脂肪颗粒是被水包裹的，这两种颗粒越小，体系越稳定，均匀状态保持得越长。又如，油包水型体系（W/O）奶油，固相的固体颗粒（包括盐等矿物质）和水相的水颗粒是被油包裹的，这两种颗粒越小，体系越稳定，均匀状态保持得越长。

除了以上所述的液体食品外，固体食品也可使用稳定剂和凝固剂，如粉丝、面包、肉制品等。稳定剂和凝固剂的应用是使带水的中间产品中各种成分均匀分布，然后脱水制成固体食品。

为了使均匀状态的多相体系有更长的保质期，不造成各相的分离，就应减小上述的破坏均相体系的 3 种作用力，加入稳定剂，甚至使体系处于半凝固或凝固状态而加入凝固剂。由于稳定剂主要作用也是增加体系的黏度，与凝固剂作用一样，因此无法截然分开这两种食品添加剂，而将其合并作为一类。稳定剂和凝固剂中用以增加黏度的主要是各种胶类，如卡拉胶、刺梧桐胶、可得然胶等。另外，也可针对不同食品添加非胶物质，与食品中成分反应，增加黏度，如磷酸盐等。

在使用稳定剂和凝固剂时应特别注意介质的酸碱度，不同的 pH 条件下形成的黏度不同。例如，微晶纤维素应在弱碱性条件下使用，能获得较高的黏度。食品的酸碱度发生变化时，例如微生物繁衍后酸度提高，会改变黏度，有时甚至破坏均匀状态。

### 1. 2. 2. 1. 19　甜味剂

赋予食品以甜味的物质。甜味剂是常用的食品添加剂，用以代替蔗糖。各甜味剂的甜度以蔗糖的倍数表示，且为一个大约的估计数值，因为无法用仪器测定，且感官因人而异。甜味剂有以下几类：

**（1）人工合成甜味剂**

没有营养价值，仅提供甜味。例如，糖精钠，又称糖精，其甜度约为蔗糖的 200 倍。即在相同质量或体积的食品中，糖精钠的使用量只需蔗糖的 1/200，就可达到相当的甜度。由于糖精钠价格便宜，甜度又高，因此被广泛用于食品加工中，几乎成为用量最大的甜味剂。其他人工合成甜味剂还有环己基氨基磺酸钠、环己基氨基磺酸钙等。这些人工合成甜味剂的使用须经过毒理评估。

**（2）糖醇类甜味剂**

属于天然甜味剂，是以植物提取的糖汁为原料，经过加氢还原处理制得。例如，由麦类提取麦芽糖，再经加氢反应，制成麦芽糖醇。这类甜味剂安全，摄入人体后，基本不会提高血糖，但甜度低，因此被广泛用于适宜糖尿病人的加工食品。

**（3）非糖植物甜味剂**

是具有甜味的植物组织经提取而得的甜味剂，是安全的天然甜味剂。例如，甜菊糖苷是从甜叶菊中提取，甜度是蔗糖的 250 倍。另外，还有甘草酸盐等。

### 1.2.2.1.20　增稠剂

可以提高食品的黏稠度或形成凝胶，从而改变食品的物理性状、赋予食品黏润、适宜的口感，并兼有乳化、稳定或使呈悬浮状态作用的物质。

增稠剂可分为两大类。一类是天然增稠剂，是由海藻等富含多糖或蛋白质成分的动植物中提取而成，如海藻酸钠、甲壳素、阿拉伯树胶、卡拉胶、黄原胶等。它们溶于水后可成黏度较高的胶状，使用时受介质酸碱度影响小，可在各种 pH 条件下使用；另一类是人工合成增稠剂，如羧甲基淀粉钠等，它们常用于酱及酱制品、冰淇淋和面包等。

### 1.2.2.1.21　食品用香料

能够调配食品用的具有香气、香味的物质。它分为天然食品用香料、天然等同食品用香料、人造食品用香料 3 类。

天然食品用香料是指用适当的物理方法、微生物法或酶法从食品或动植物材料（未经加工或经过食品制备过程加工）获得的，化学结构明确的应用其香味性质的物质。通常不直接用于消费，如丁香叶油、罗勒油等。

天然等同食品用香料是指化学合成的或用化学手段（工艺）从天然芳香原料中分离得到的，与人类消费的天然产品（不管其是否加工过）中存在的物质，在化学结构上完全相同的香味物质，如单宁酸、韭葱油等。本类食品用香料与上一类天然食品用香料，合称为食品用天然香料，我国允许使用的约 400 种。

人造食品用香料是指尚未从用于人类消费的天然产品（不管其是否加工过）鉴定出的香味物质，如丙三醇（甘油）、正己醇等，我国允许使用的 1 453 种。

### 1.2.2.1.22　食品工业用加工助剂

保证食品加工能顺利进行的各种物质，与食品本身无关。如助滤、澄清、吸附、脱模、脱色、脱皮、提取溶剂、发酵用营养物质等，如 1,2 - 丙二醇、正己烷等，我国允许使用的约 70 种。另有 54 种酶制剂也属于食品工业用加工助剂，如 α-淀粉酶、过氧化氢酶等。

### 1.2.2.1.23　其他亚类

上述功能类别中不能涵盖的其他功能。这种其他功能包括充气功能的二氧化碳用于充气糖果，食品成分功能的硫酸锌、硫酸镁用于矿物质水，铁吸收促进剂功能的乳铁蛋白用于调制乳、发酵乳、含乳饮料以及婴儿食品等乳制品，钙吸收促进剂功能的酪蛋白钙肽、酪蛋白磷酸肽用于饮料、粮食及其制品，以及婴儿食品等。

#### 1.2.2.2　相同功能的复配食品添加剂

由单一功能且功能相同的食品添加剂品种复配而成的，应按照其在终端食品中发挥的功能命名。即"复配"＋"食品添加剂功能类别名称"，如：复配着色剂、复配防腐剂等。

#### 1.2.2.3　不同功能的复配食品添加剂

不同功能的复配食品添加剂：可以其在终端食品中发挥的全部功能或者主要功能命名，即"复配"＋"食品添加剂功能类别名称"，如复配漂白防腐剂；也可以在命名中增加终端食品类别名称，即"复配"＋"食品类别"＋"食品添加剂功能类别名称"，如复配蜜饯漂白防腐剂，以示专供蜜饯类食品使用的具备漂白和防腐两种功能的复配食品添加剂。

## 1.3　国内外食品添加剂使用标准

### 1.3.1　国内食品添加剂标准

国内现行有效的食品添加剂使用标准主要是《食品安全国家标准　食品添加剂使用标准》（GB 2760—2014），该标准详细规定了食品添加剂的类别，包括 23 个类别，使用原则，包括使用的基本要求、使用的目的、食品添加剂质量要求和带入原则；使用规定。上述括号中的第二章内容，包括条文及其解读可指导如何执行该标准。例如，当需要使用食品添加剂时，先查"食品分类系统"，确定需添加食品添加剂的食品属于哪一类，再查"食品添加剂的允许使用品种、使用范围以及最大使用量或残留量"。在执行 GB 2760—2014 时，以下几点应特别注意：

①部分食品添加剂属于"可在各类食品中按生产需要适量添加"的品种，可查"可在各类食品中按生产需要适量使用的食品添加剂名单"，共有 75 种，例如柠檬酸、抗坏血酸、乳酸等。

②部分食品不可以按生产需要适量添加的方式添加食品添加剂，主要针对生鲜产品、婴幼儿食品、水和果汁等，可查"按生产需要适量使用的食品添加剂所例外的食品类别名单"，例如新鲜果蔬、灭菌乳、小麦粉等。

③结合现行有效的产品标准决定如何使用该标准，如《食品安全国家

标准 巴氏杀菌乳》（GB 19645—2010）规定的巴氏杀菌乳定义是不允许添加任何食品添加剂，因此，在巴氏杀菌乳中就不得添加，即使上述①规定的可在各类食品中按生产需要适量添加的食品添加剂。

与《食品安全国家标准 食品添加剂使用标准》配套并补充的有《食品安全国家标准 复配食品添加剂通则》（GB 26687—2011），规定了食品用香精和胶基糖果基础剂以外的所有食品添加剂的复配要求、命名原则及标识。

还有《食品安全国家标准 食品营养强化剂使用标准》（GB 14880—2012）规定了食品营养强化剂的品种、化合物来源以及使用目的、要求、规定。

除了食品添加剂使用标准外，还有国家强制性食品添加剂产品标准，如《食品安全国家标准 食品添加剂 杨梅红》（GB 31622—2014），这些产品标准规定了范围（即以什么为原料，经过什么工艺制得的产品才适用于该标准，由此确定天然食品添加剂还是人工合成食品添加剂）、分子式、结构式、相对分子质量、技术要求等（包括感官要求和理化指标），若没有国家标准的检验方法，在该产品标准中还以附录的形式规定了检验方法。通过以上内容的规定，确保该食品添加剂的性质和质量。目前我国已制定发布百余项食品添加剂产品标准，还将继续发布，以确保每一种食品添加剂依标生产。

## 1.3.2 国外食品添加剂标准

国际科技先进组织和发达国家都制定了食品添加剂使用标准或法规，其内容主要包括品种、使用范围和使用量。

**(1) 制定原则**

①添加后不会与食品原有成分、其他食品添加剂发生不利健康的化学反应。

②添加后能起到其他食品添加剂无法起到的作用。

③其他，如易获得、易加工、成本低廉等。

其中第①条原则是各国应该共同遵守的。第②条原则为各国不同程度采用，因为各国的同类食品添加剂的种类受到科技和工业生产水平的影响，甲国认为某种食品添加剂最理想，而乙国却认为另一种更为理想。第③条原则更在不同国家中应用不同。

**(2) 与各国有不同差异的主要原因**

各国之所以有不小程度的差异，其原因主要有以下几条：

①在毒理学研究和应用上有程度差异。例如，美国认为甜蜜素会致癌，而其他国家并不认为。

②饮食结构和日摄入量不同，导致每天摄入的食品添加剂质量数不同，会得出不同的安全结论，制定不同的最高残留限量。

③科学认知程度和检测技术水平不一，包括当代信息获取及科技资料的借鉴不一。

④对不同食品有不同要求，这主要是习惯性对某种食品的嗜好，如肉灌肠等。

因此，在比较各国食品添加剂时，主要考虑食品添加剂的品种，这一点有较强的可比性；使用范围没有较强的可比性，各国依据各自食品生产情况可添加不同的食品添加剂。使用量则依据饮食习惯做适当调整。

**(3) 国外对食品添加剂的定义及品种的规定**

①欧盟。其定义和规定的品种与我国有一定差异。在欧洲议会和欧盟理事会法规（EC）1333/2008《食品添加剂》的第三条"定义"中，将食品添加剂定义为"在正常情况下本身不作为食品及其特征成分消费，无论在实施食品生产、加工、制作、处理、包装、运输或储存的技术目的中是否有营养价值，也无论在食品及其副产品中会成为直接或间接成分的物质"。为此，将以下 11 种物质不列为食品添加剂：

1）单糖、双糖、低聚糖以及含有这些糖类的食品不应作为甜味剂。

2）在生产中混入香精的食品，无论呈干燥状态或浓缩状态，因具有香味、滋味、营养成分及不明显色泽，而不应作为食品添加剂。

3）不作为食品的一部分，也不与食品一起消费的包衣物质。

4）由苹果渣、柑橘皮，或两者混合物，经稀酸处理、钠或钾盐中和制成的含果胶产品（如液态果胶）。

5）胶基糖果中基础剂物质。

6）白色或黄色葡萄糖烤制或葡萄糖化的淀粉、经酸或碱处理的变性淀粉、漂白淀粉、物理变性淀粉、淀粉酶处理的淀粉。

7）氯化铵。

8）血浆、食用明胶、蛋白质水解物及其盐类、乳蛋白和面筋。

9）除不具技术功能的谷氨酸、甘氨酸、半胱氨酸、胱氨酸及其盐类外，其他氨基酸及其盐类。

10）酪蛋白及其盐类。

11）菊粉。

由此可见，欧盟的食品添加剂与中国不同，它不列入胶基糖果中基础

剂物质、食用明胶等，而我国则可作为食品添加剂。

②美国。美国食品标准均在美国联邦法典第 3 卷第 21 部《食品和药品》，其中第 172 条"允许直接添加进人类消费食品中的食品添加剂"中第 172.892 条是变性食用淀粉，第 172.665 条是明胶，这分别与上述欧盟标准规定的 11 种物质不可作为食品添加剂中的（7）条、（8）条不一样。

另外，除了直接添加外，还规定非直接添加，即接触食品的物质（如包装所致），当其超过法定限量时，也作为食品添加剂对待，列入联邦法规中。在美国联邦法典第 3 卷第 21 部第 170 条"食品添加剂"中第 170.39 条"接触食品物质的法定限量"中规定：

能析出或可能析出成分到食品中的接触食品物质（如食品包装物或食品加工设备），在以下 4 种情况下因析出到食品中的含量低于法定限量，不列入法定食品添加剂：

1）该接触食品物质在人体或动物中并非是致癌物质，根据其化学结构尚未有理由怀疑是致癌物质。这接触食品物质不含致癌杂质。即使含有致癌物质，则根据慢性试验的科学文献报道，低于半耐药量（$TD_{50}$）；或根据美国食药局规定，低于 6.25mg/kgbw（本条所涉及的 $TD_{50}$ 是指导致 50％试验动物得癌症的剂量，并经控制动物的肿瘤校正。若科学文献报道的某物质有多个 $TD_{50}$ 值，则美国食药局采用最低的 $TD_{50}$ 值）。

2）该接触食品物质符合以下条件之一的话，则不存在任何有害健康或安全的成分：

第一，其含量在食物中不超过 $0.5 \times 10^{-12}$，相当于食物暴露水平为每人每天不超过 1.5mg（计算依据为每人每天进食 1 500g 固体食品和 1 500g 液体食品）。

第二，该接触食品物质若是目前允许直接加入食品的话，且其暴露水平不超过美国食药局或其他可靠来源的安全数据所规定的日允许摄入量的 1％。

3）该接触食品物质对被接触的食品不造成性质影响。

4）该接触食品物质对环境没有明显的污染。

在第 170 条"食品添加剂"的上述所定原则下，美国联邦法典第 3 卷第 21 部第 180 条"需补充研究的临时性食品添加剂或接触食品物质"中第 180.22 条列出丙烯腈聚合物。在美国联邦法典第 3 卷第 21 部第 177 条"间接食品添加剂：聚合物"中第 177.1020 条"丙烯腈-丁二烯-苯二烯共聚物"规定不允许用于含乙醇的食品。第 177.1030 条"丙烯腈-丁二烯-苯二烯-甲基异丁烯酸酯共聚物"规定不允许用于碳酸饮料。

以上这些物质都是由包装物带入食品的物质。在美国食品添加剂法规中也被列为食品添加剂，对其进入食品后的限量有规定。低于该限量，允许用于食品。但不管带入质量多少，均不允许用于规定食品，如上述含乙醇的食品、碳酸饮料。这与我国、欧盟、日本、联合国食品法典委员会不一样。

③联合国食品法典委员会：作为一个权威性的国际组织，它既要收集全世界有关食品添加剂的信息，包括准用和不准用的品种、最大添加量、适用食品等，又要收集和研究有关的理论，来支撑标准法规。为此，必须成立一个具有一定数量和科技水平的专家组织。在联合国食品法典委员会标准《食品添加剂通用标准》导言 1.1 条中规定了作为国际法典的食品添加剂范围：

"只有本标准列出的食品添加剂才适用，它适用于本标准规定的食品。只有由联合国粮农组织和世界卫生组织的食品添加剂联合专家委员会（JECFA）注明日允许摄入量（ADI）或依据其他标准确定为安全的，并由食品法典委员会（CODEX）给出国际编码体系（INS）编码的食品添加剂才列入本标准。符合本标准要求的食品添加剂使用在技术上合法的"。

由上述可知，只有在 CAC 标准中列出的食品添加剂才是国际通用、合法的。而这些食品添加剂的确定有以下两个条件：

1）经 JECFA 注明 ADI 值，并确定为安全的。或者由其他标准确定为安全的，如欧盟标准已给出一些食品添加剂的 ADI 值，并确定为安全的。

2）给出国际编码体系（INS）的编码。因此，CAC 标准中所列的食品添加剂都有 INS 编码。

由以上国外食品添加剂标准或法规可知，我国的食品添加剂主要依据 CAC 标准。除此以外，增加许多我国特有的天然食品添加剂，尤其是着色剂，它们没有 INS 编码，但有中国编码体系（CNS）的编码。例如，茶黄色素、茶绿色素、柑橘黄、黑加仑红、红米红、花生衣红等。

综上所述，世界各国和组织对食品添加剂的定义、品种、适用食品等有一定差异。在进行对比时，应对具体问题做具体分析。应遵循食品安全的总原则，决定取舍。

## 1.3.3 绿色食品标准

绿色食品在食品添加剂使用上的规定，与联合国食品法典委员会（CAC）、欧盟、美国和日本的有关规定或标准相接轨，同时对比我国的食品添加剂使用标准禁用了部分在普通食品中允许使用的食品添加剂，在适用原则上与国家标准一致。另外，绿色食品生产中混合使用同一功能食品添加剂（相同色泽着色剂、防腐剂或抗氧化剂）的要求与上述国标一致，还增加甜味剂，使用总量有限定，即每种甜味剂在甜味剂使用总量中所占比例之和不超过 1。从绿色食品问世以来的 20 多年实践来看，绿色食品的食品添加剂使用准则促进和适应我国绿色食品事业的发展。

### 1.3.3.1　绿色食品标准与有机食品标准对比

我国有机食品标准《有机产品　第 2 部分：加工》（GB/T 19630.2—2011）中规定了允许使用的食品添加剂。绿色食品与有机食品在食品添加剂使用方面的对比情况列于表 1-1。其中需说明：

①表中绿色食品、有机食品允许使用的食品添加剂均相对 GB 2760—2014 及 GB 14880—2012 而言。

②所列的食品添加剂功能为主要功能。例如，二氧化硫的功能为漂白剂、防腐剂、抗氧化剂。按其主要功能，归为漂白剂。

③绿色食品、有机食品均不允许转基因食品添加剂，表中所列均不包括转基因食品添加剂。

④有些加工助剂可作为其他功能的食品添加剂。绿色食品允许使用的加工助剂不包括在其他功能上禁用的加工助剂。例如，吐温 20、吐温 40、吐温 80。

表 1-1　绿色食品与有机食品的食品添加剂使用对比

| 食品添加剂功能分类 | 绿色食品中允许使用 | 有机食品中允许使用 |
| --- | --- | --- |
| 酸度调节剂 | 除富马酸一钠以外 | 酒石酸、柠檬酸、柠檬酸钾、柠檬酸钠、苹果酸、氢氧化钙、乳酸、碳酸钾、碳酸钠 |
| 抗结剂 | 除亚铁氰化钾、亚铁氰化钠以外 | 二氧化硅 |
| 消泡剂 | 全部 | 无 |
| 抗氧化剂 | 除硫代二丙酸二月桂酯以外 | 抗坏血酸 |
| 漂白剂 | 除硫黄以外 | 二氧化硫、焦亚硫酸钾 |
| 膨松剂 | 除硫酸铝钾、硫酸铝铵以外 | 碳酸钙、碳酸氢铵、酒石酸氢钾、磷酸氢钾 |
| 胶姆糖基础剂 | 无 | 无 |

（续）

| 食品添加剂功能分类 | 绿色食品中允许使用 | 有机食品中允许使用 |
|---|---|---|
| 着色剂 | 除新红及其铝色淀、二氧化钛、赤藓红及其铝色淀、焦糖色（亚硫酸铵法）、焦糖色（加氨生产）以外 | 胭脂树橙 |
| 护色剂 | 除硝酸钠、亚硝酸钠、硝酸钾、亚硝酸钾以外 | 硝酸钾、亚硝酸钠 |
| 乳化剂 | 除司盘20、司盘40、司盘80、吐温20、吐温40、吐温80以外 | 果胶 |
| 酶制剂 | 全部 | 全部 |
| 增味剂 | 全部 | 无 |
| 面粉处理剂 | 全部 | 无 |
| 被膜剂 | 全部 | 无 |
| 水分保持剂 | 全部 | 甘油、乳酸钠 |
| 营养强化剂 | 全部 | 全部 |
| 防腐剂 | 除苯甲酸、苯甲酸钠、乙氧基喹、仲丁胺、桂醛、噻苯咪唑、乙萘酚、联苯醚（又名二苯醚）、2-苯基苯酚钠盐、4-苯基苯酚、2，4-二氯苯氧乙酸以外 | 无 |
| 稳定和凝固剂 | 全部 | 刺梧桐胶、硫酸钙、氯化镁 |
| 甜味剂 | 除糖精钠、环己基氨基磺酸钠（又名甜蜜素）、环己基氨基磺酸钙、阿力甜以外 | 无 |
| 增稠剂 | 除海萝胶以外 | 阿拉伯胶、瓜尔胶、海藻酸钾、海藻酸钠、槐豆胶、黄原胶、卡拉胶、明胶、琼脂 |
| 其他 | 全部 | 氯化钾 |
| 香料 | 全部 | 天然品种 |
| 加工助剂（101种） | 全部 | 氮气、二氧化碳、高岭土、固化单宁、硅胶、硅藻土、活性炭、硫酸、氯化钙、膨润土、氢氧化钙、氢氧化钠、食用单宁、碳酸钙、碳酸钾、碳酸镁、碳酸钠、纤维素、盐酸、乙醇、珍珠岩、滑石粉 |

由表1-1可知，有机食品中允许使用的硝酸钾、亚硝酸钠在绿色食品中不允许使用。除此以外，均可在绿色食品中使用。而许多绿色食品中允许使用的食品添加剂，在有机食品中不允许使用。

### 1.3.3.2　绿色食品标准与国外标准对比

与国际组织和技术发达国家标准进行对比，绿色食品的食品添加剂，除了胶基糖果中基础剂物质及海萝胶外，《绿色食品　食品添加剂使用准则》（NY/T 392—2014）列出了其他绿色食品不允许使用的食品添加剂。绿色食品禁用食品添加剂在国际上使用的对比见表1-2。

**表1-2　绿色食品禁用食品添加剂在国际上使用的对比**

| 绿色食品标准禁用食品添加剂 | CAC | 欧盟 | 美国 | 日本 |
|---|---|---|---|---|
| 亚铁氰化钾 | 不准 | 准 | 不准 | 准 |
| 4-己基间苯二酚 | 不准 | 不准 | 不准 | 不准 |
| 硫酸铝钾 | 不准 | 准（仅樱桃蜜饯） | 不准 | 准（酱油除外） |
| 硫酸铝铵 | 准（仅水果蜜饯、腌菜） | 准（仅樱桃蜜饯） | 不准 | 准（酱油除外） |
| 赤藓红及铝色淀 | 准 | 准 | 准 | 准 |
| 新红及铝色淀 | 不准 | 不准 | 不准 | 不准 |
| 二氧化钛 | 准 | 准 | 准 | 准 |
| 焦糖色（亚硫酸铵法） | 准 | 准 | 准 | 准 |
| 焦糖色（加氨生产） | 准 | 准 | 准 | 准 |
| 硝酸钠、硝酸钠钾 | 不准 | 准 | 准 | 准 |
| 亚硝酸钠、亚硝酸钾 | 不准 | 准 | 准 | 准 |
| 司盘20 | 不准 | 准 | 准 | 准 |
| 司盘40 | 不准 | 准 | 准 | 准 |
| 司盘80 | 不准 | 准 | 准 | 准 |
| 吐温20 | 不准 | 准 | 准 | 准 |
| 吐温40 | 不准 | 准 | 准 | 准 |
| 吐温80 | 不准 | 准 | 准 | 准 |
| 苯甲酸 | 准 | 准 | 不准 | 准 |
| 苯甲酸钠 | 准 | 准 | 不准 | 不准 |

（续）

| 绿色食品标准禁用食品添加剂 | CAC | 欧盟 | 美国 | 日本 |
|---|---|---|---|---|
| 噻苯咪唑 | 不准 | 不准 | 不准 | 不准 |
| 2，4-二氯苯氧乙酸 | 不准 | 不准 | 不准 | 不准 |
| 桂醛 | 不准 | 不准 | 不准 | 不准 |
| 联苯醚 | 不准 | 不准 | 不准 | 不准 |
| 硫黄 | 不准 | 不准 | 不准 | 不准 |
| 乙氧基喹 | 不准 | 不准 | 准 | 不准 |
| 糖精钠 | 准 | 准 | 不准 | 准 |
| 环己基氨基磺酸钠、环己基氨基磺酸钙 | 准 | 准 | 不准 | 不准 |
| 4-苯基苯酚 | 不准 | 不准 | 不准 | 不准 |
| 4-苯基苯酚钠盐 | 不准 | 不准 | 不准 | 不准 |
| 乙奈酚 | 不准 | 不准 | 不准 | 不准 |
| 仲丁胺 | 不准 | 不准 | 不准 | 不准 |
| 富马酸一钠 | 不准 | 不准 | 不准 | 不准 |
| 硫代二丙酸二月桂酯 | 不准 | 不准 | 不准 | 不准 |
| L-α-天冬氨酰-N-（2，2，4，4-四甲基-3-硫化三亚甲基）-D-丙氨酰胺（又名阿力甜） | 不准 | 不准 | 不准 | 不准 |

由表1-2可知，绿色食品的食品添加剂使用准则基本上与国际先进标准接轨。

# 第2章
## 《绿色食品　食品添加剂使用准则》解读

## 2.1　前言

**【标准原文】**

本标准按照 GB/T 1.1—2009 给出的规则起草。

本标准代替 NY/T 392—2000《绿色食品　食品添加剂使用准则》。与 NY/T 392—2000 相比，除编辑性修改外主要技术变化如下：

——食品添加剂使用原则改为 GB 2760《食品安全国家标准　食品添加剂使用准则》相应内容；

——食品添加剂使用规定改为 GB 2760 相应内容；

——删除了绿色食品生产中不应使用的食品添加剂过氧化苯甲酰、溴酸钾、过氧化氢（或过碳酸钠）、五碳双缩醛（戊二醛）、十二烷基二甲基溴化胺（新洁尔灭）；

——删除了面粉处理剂；

——增加了 A 级绿色食品生产中不应使用的食品添加剂类别酸度调节剂、增稠剂、胶基糖果中基础剂物质及其具体品种。

本标准由农业部农产品质量安全监管局提出。

本标准由中国绿色食品发展中心归口。

本标准起草单位：农业部乳品质量监督检验测试中心、河南工业大学、中国绿色食品发展中心。

本标准主要起草人：张宗城、刘钟栋、孙丽新、李鹏、薛刚、阎磊、郑维君、张燕、唐伟、陈曦。

本标准的历次版本发布情况为：

——NY/T 392—2000。

## 【内容解读】

《绿色食品 食品添加剂使用准则》于 2000 年首次发布。2012 年，农业部立项，中国绿色食品发展中心作为技术归口单位组织了该项标准的修订工作。标准的主要起草单位为农业部乳品质量监督检验测试中心、河南工业大学、中国绿色食品发展中心，2013 年完成修订并发布。这次修订除编辑性修改外，主要修订了以下技术内容：

①食品添加剂使用原则改为《食品安全国家标准 食品添加剂使用准则》（GB 2760）相应内容，包括使用的基本要求、使用的目的和食品添加剂质量要求。这些原则将在以后章节详细解读。

②食品添加剂使用规定中明确 AA 级绿色食品只允许使用天然食品添加剂。A 级绿色食品可使用天然食品添加剂，在这类食品添加剂不能满足生产需要的情况下，可使用禁用食品添加剂以外的化学合成食品添加剂，其使用的品种、适用食品名称、最大使用量和备注应符合 GB 2760 的规定。这些规定将在以后章节详细解读。

③删除了绿色食品生产中不应使用的食品添加剂过氧化苯甲酰、溴酸钾、过氧化氢（或过碳酸钠）、五碳双缩醛（戊二醛）、十二烷基二甲基溴化胺（新洁尔灭）。在新版的 GB 2760 中，这 5 种已不是食品添加剂，没被列入，因此在 NY/T 392—2013 中也无需列为禁用食品添加剂。其中过氧化苯甲酰、溴酸钾是 NY/T 392—2000 中禁用食品添加剂所列的仅有两种面粉处理剂，因此在 NY/T 392—2013 的禁用食品添加中取消面粉处理剂这一类。

④在禁用的食品添加剂中增加了酸度调节剂、增稠剂、胶基糖果中基础剂物质及其具体品种；这些将在以后章节详细解读。

## 2.2 引言

## 【标准原文】

绿色食品是指产自优良生态环境、按照绿色食品标准生产、实行全程质量控制并获得绿色食品标志使用权的安全、优质食用农产品及相关产品。本标准按照绿色食品要求，遵循食品安全国家标准，并参照发达国家和国际组织相关标准编制。除天然食品添加剂外，禁止在绿色食品中使用未经联合国食品添加剂联合专家委员会（JECFA）等国际或国内风险评估的食品添加剂。

我国现有的食品添加剂,广泛用于各类食品,包括部分农产品。GB 2760 规定了食品添加剂的品种和使用规定。NY/T 392—2000《绿色食品　食品添加剂使用准则》除列出的品种不能在绿色食品中使用外,其余均执行 GB 2760—1996。随着该国家标准的修订及我国食品添加剂品种的增减,原标准已不适应绿色食品生产发展的需要。同时,在此修订前,国外在食品添加剂使用的理论和应用上均有显著的发展,有必要借鉴于本标准的修订。

本标准的实施将规范绿色食品的生产,满足绿色食品安全优质的要求。

## 【内容解读】

《绿色食品　食品添加剂使用准则》是绿色食品生产的基础标准之一,标准中增设引言的目的如下:

①阐述绿色食品的理念,说明标准编写的基本原则。

②说明标准编写所依据的绿色食品生产发展实践以及国内外在食品添加剂使用方面的研究成果。

③明确标准与国家标准 GB 2760 的协调性。

## 2.3　范围

## 【标准原文】

本标准规定了绿色食品食品添加剂的术语定义、食品添加剂使用原则和使用规定。

本标准适用于绿色食品生产。

## 【内容解读】

本部分主要说明标准的主要内容和适用范围。标准规定了绿色食品食品添加剂的术语定义、食品添加剂使用原则和使用规定。标准适用于绿色食品种植业、养殖业和加工业生产中食品添加剂使用原则和使用规定,申报和使用绿色食品标志的生产企业必须严格按标准要求执行。

## 2.4 术语和定义

【标准原文】

3.1

**AA 级绿色食品 AA grade green food**

产地环境质量符合 NY/T 391 的要求，遵照绿色食品生产标准生产，生产过程中遵循自然规律和生态学原理，协调种植业和养殖业的平衡，不使用化学合成的肥料、农药、兽药、渔药、添加剂等物质，产品质量符合绿色食品产品标准，经专门机构许可使用绿色食品标志的产品。

3.2

**A 级绿色食品 A grade green food**

产地环境质量符合 NY/T 391 的要求，遵照绿色食品生产标准生产，生产过程中遵循自然规律和生态学原理，协调种植业和养殖业的平衡，限量使用限定的化学合成生产资料，产品质量符合绿色食品产品标准，经专门机构许可使用绿色食品标志的产品。

【内容解读】

上述两条定义了 AA 级绿色食品和 A 级绿色食品。

（1）AA 级绿色食品的必要条件包括：

①产地环境符合 NY/T 391 要求。

②生产方式遵照绿色食品生产标准。

③生产过程遵循自然规律和生态学原理，协调种植业和养殖业的平衡。

④不使用化学合成的肥料、农药、兽药、渔药、添加剂等物质。

⑤产品质量符合绿色食品产品标准。

⑥经专门机构许可使用绿色食品标志。

（2）A 级绿色食品的必要条件包括：

①产地环境符合 NY/T 391 要求。

②生产方式遵照绿色食品生产标准。

③生产过程遵循自然规律和生态学原理，协调种植业和养殖业的平衡。

④严格按照绿色食品生产资料使用准则和生产操作规程要求，限量使

用限定的化学合成生产资料。

⑤产品质量符合绿色食品产品标准。

⑥经专门机构许可使用绿色食品标志。

## 【标准原文】

### 3.3

**天然食品添加剂　natural food additive**

以物理方法、微生物法或酶法从天然物中分离出来，不采用基因工程获得的产物，经过毒理学评价确认其食用安全的食品添加剂。

## 【内容解读】

天然物包括无机物（如方解石、石灰石）和微生物（如纳塔尔链霉菌）、植物（如红苋菜）、动物（如蜂巢）等有机物。

从以上天然物中分离出天然食品添加剂的方法包括物理方法，如以方解石或石灰石经粉碎制取碳酸钙；微生物法，如以纳塔尔链霉菌经微生物发酵制取纳他霉素；酶法，如食用淀粉经酶处理制取羟丙基淀粉等。

以上制取方法不包括基因工程方法。同时，制取的成品必须经毒理学评价确认其食用安全，才可成为天然食品添加剂。

## 【标准原文】

### 3.4

**化学合成食品添加剂　chemical synthetic food additive**

由人工合成的，经毒理学评价确认其食用安全的食品添加剂。

## 【内容解读】

化学合成是使原料的化学成分发生变化的工艺。由于食品添加剂用量不断加大，化学合成技术日益先进，毒理学评价日趋完善，使化学合成食品添加剂种类越来越多，包括了所有功能的食品添加剂，甚至维生素。例如维生素 E，除了由天然食用植物油提取天然维生素 E 外，还可由异植物醇和三甲基氢醌合成为维生素 E。由于两者原料和制取方式不同，分别称为天然维生素 E 和维生素 E，以示区别。

## 2.5 食品添加剂使用原则

### 2.5.1 使用的基本要求

【标准原文】

**4.1** 食品添加剂使用时应符合以下基本要求：
a）不应对人体产生任何健康危害；
b）不应掩盖食品腐败变质；
c）不应掩盖食品本身或加工过程中的质量缺陷或以掺杂、掺假、伪造为目的而使用食品添加剂；
d）不应降低食品本身的营养价值；
e）在达到预期的效果下尽可能降低在食品中的使用量；
f）不采用基因工程获得的产物。

【内容解读】

绿色食品包括初级农产品和加工食品，两者均使用食品添加剂。随着绿色食品数量和品种的增加，食品添加剂使用也日趋频繁。食品添加剂的合理使用有利于绿色食品的质量稳定，便于绿色食品的生产、加工、包装、运输和储存。但超范围或超量使用，则不利于绿色食品质量，甚至构成安全隐患。因此，食品添加剂的合理使用直接关系到绿色食品的安全性和绿色食品事业的发展。

这里的基本要求是针对食品添加剂的，不针对本不属于食品添加剂而违法使用的非食品化学添加物。使用时的基本要求包括6条：

**（1）不应对人体产生任何健康危害**

这是食品添加剂最根本的要求，尽管食品添加剂对食品起到各种各样的积极作用，但若安全性有问题，对人体产生健康危害，则从根本上否定了它的食用性。健康危害根据其表现形式可分为急性食源性疾病和慢性食源性疾病两大类；依危害物性质可分为物理性危害、化学性危害和生物性危害。因此，某物质在确定为食品添加剂前必须经过安全性评价，只有确认为安全，并有食品添加剂作用的物质，才可作为食品添加剂。

**（2）不应掩盖食品腐败变质**

食品的腐败变质主要由微生物所致。腐败变质的表现以及添加食品添加剂掩盖之，有以下几种：

①食品变酸，添加碱性食品添加剂掩盖。食品中繁衍的细菌几乎都是需氧菌（又称好氧菌），这些需氧菌的代谢是摄入氧气、营养素（包括碳素、氮素，如脂肪、蛋白质、碳水化合物等）和水分，排除二氧化碳、有机酸以及其他代谢毒素等。这种产气、产酸的结果致使食品很快变酸。为掩盖之而添加的食品添加剂为碱性，以中和整个食品的酸碱度。例如，牛奶酸败后添加小苏打（碳酸氢钠）、火碱等。

②食品变臭，添加香精掩盖。食品中需氧菌代谢结果排出组胺等产物，使食品具异味，乃至臭味。为掩盖之而添加的香精名目多样，仍以牛奶为例，曾有过添加牛奶香精掩盖臭味。

③食品色泽变暗。变暗的原因主要有两个。一个是细菌繁衍，将食品中具有鲜艳色泽的营养成分消耗掉，排泄出无色或暗色的代谢物；另一个是氧化，是鲜艳色泽的营养成分氧化成暗色。为掩盖之而添加各种着色剂，使食品具有虚假的本色。

④液体食品变浑浊。需氧菌繁衍后结合成絮状，漂浮在液体食品中，如瓶装饮用水。为掩盖之而添加各种着色剂，降低肉眼的可见度。

**(3) 不应掩盖食品本身或加工过程中的质量缺陷或以掺杂、掺假、伪造为目的而使用食品添加剂**

加工过程应该不造成质量缺陷，而因加工工艺不适或加工工艺条件控制不佳致使的质量缺陷是多种多样的。例如，矿泉水在加工过程中主要经历3个工艺段。首先是砂滤，去除泥沙等固体颗粒物；其次是活性炭吸附，去除有机物；最后是杀灭菌。杀灭菌的工艺主要有两种，一种是紫外光法，另一种是臭氧法。紫外光杀灭菌时由于紫外光照射时间不足或紫外光强度不够，不能有效杀灭菌；在臭氧杀灭菌时，要求经高压电极产生高纯度氧气。由于臭氧发生器的电压不足或没有有效脱除水分，使臭氧纯度欠佳，充入矿泉水后不能有效杀灭菌。于是，违规地添加防腐剂。

至于掺杂、掺假，事例更多。例如，牛奶中掺入糊精充当蛋白质，掺入植脂末充当脂肪等，不胜枚举。

**(4) 不应降低食品本身的营养价值**

食品的营养价值由两个因素决定，一个是营养成分，另一个是可吸收程度。食品添加剂的加入不应影响这两个因素，以下分别解读：

①营养成分。食品具有七大营养成分，即蛋白质、脂肪、碳水化合物、矿物质、维生素、纤维素和水分。它们对人体均有健康的意义。由于

它们的理化性质稳定，多数食品添加剂的加入不会影响这七类营养成分。但应防止个别发生的意外，例如生产果汁时，清洗过的水果，用碱液脱皮、脱核。残留的碱液应清洗掉，以免其中钠离子结合打浆后果肉中的维生素 C（抗坏血酸），降低维生素 C 的含量。清洗后再打浆，维生素 C 不会与钠盐结合成抗坏血酸钠。

②可吸收程度。人体对食品中营养成分的可吸收程度主要取决于该成分的分子量。某营养成分一旦与食品添加剂结合成稳定的化合物，甚至经消化液不能完全分解，则到人体小肠就不易被吸收。以上例子中，若碱液残留未被清洗就进行打浆，则维生素 C 与钠盐结合成抗坏血酸钠。尽管部分抗坏血酸钠在人体内可进一步分解成抗坏血酸和钠离子，但比起维生素 C 来，可吸收程度降低了。

**（5）在达到预期的效果下尽可能降低在食品中的使用量**

毒理试验表明，各种食品添加剂对人体的危害程度不一。有的无害，可按生产需要适量添加；有的是有一定危害，只是使用时控制其使用量，不至于造成危害。随着科技的发展，有些原先允许使用的食品添加剂，现在已被禁用。例如，小麦粉中曾允许使用的过氧化苯甲酰。但由于人们对客观事物的认知程度受到时代的限制，对一些食品添加剂尚未肯定是否有害。例如，亚硝酸钠（钾）作为护色剂，进入人体后，能否转化成致癌的亚硝胺，在何种条件下转化，目前在世界上尚未定论。另外，有些国家通过科学试验，否认过去认为安全的食品添加剂。例如，1969 年美国食药局（FDA）根据动物试验，发现甜蜜素（环己基氨基磺酸钠）引起膀胱癌，其机理是肠道微生物将环己基氨基磺酸盐转化为致癌性的环六胺（cyclohexamine），而被禁用于食品至今。美国国家标准中不允许使用，但欧盟等其他国家仍允许使用。总之，有些食品添加剂的危害性尚未定论。因此，使用各种准用的食品添加剂时，只要达到预期的效果，尽可能降低在食品中的使用量。在食品添加剂使用准则中列出最大使用量，即使目前认为无害的食品添加剂，也列为按生产需要适量使用，而不是随意使用。

**（6）不采用基因工程获得的产物**

基因工程。在生物体细胞中人工添入原先没有的新的脱氧核糖核酸（DNA），以获得生物体原先没有的新的一种或多种特性，称为转基因产品。如抗病植物、耐除草剂植物、变性脂肪谷物等。

被植入的生物体称为受体。脱氧核糖核酸是细胞中细胞质内的一种成分，具有生物特性的遗传功能。

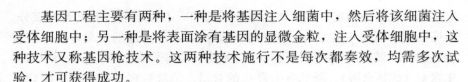
基因工程主要有两种，一种是将基因注入细菌中，然后将该细菌注入受体细胞中；另一种是将表面涂有基因的显微金粒，注入受体细胞中，这种技术又称基因枪技术。这两种技术施行不是每次都奏效，均需多次试验，才可获得成功。

基因工程获得的产物改变受体的生物特性，用这种产物作为食品添加剂，供食于消费者，是否影响消费者健康，尚未定论。因此，目前不采用基因工程获得的产物。

## 【实际操作】

### （1）急性食源性疾病、慢性食源性疾病

食品引起的健康危害原因主要为以下3个：

①添加非食品化学物质。加入食品中的这些物质，不可称为食品添加剂。因为食品添加剂有严格的定义，只能称为非食品化学物质。以下举3个典型食品安全事例。

例1：牛奶及其他乳制品中掺水后，使蛋白质含量降低。为了达到牛奶及其他乳制品产品标准中规定的指标，添加三聚氰胺、尿素、水解动物蛋白等充当蛋白质。三聚氰胺，又称蛋白精、密胺，是含氮杂环有机化合物，用作化工原料；尿素是常用的氮肥；水解动物蛋白是由动物皮毛及废弃组织，包括头发、皮毛制革的废料作为原料，用盐酸水解成氨基酸，用作饲料添加剂。我国曾发生过的"阜阳大头娃娃事件"和"三鹿毒奶粉事件"就是典型的事例。

例2：豆制品是常用烹调食品，常见于家庭和饭店餐桌。为了增加豆制品的韧性，加入吊白块（学名是甲醛次硫酸氢钠）。也曾有报道被非法用于粉丝增白、血豆腐等。

例3：双氧水是一种强氧化剂，同时，在水中可分解出原子氧，是一种杀菌剂。许多食品在双氧水作用下变白，起到漂白作用。非法使用双氧水漂白毛肚、百叶、茄参等水发食品；用于豆腐、脆豆腐等豆制品，掩盖劣质、甚至霉变的黄豆带入的黄绿色，漂白；用于豆芽菜，进行漂白。

另外，非法用于乳品工业管道清洗、杀菌。乳品厂的生产管道中积累的脂肪和蛋白质，需要在生产批次间进行清洗，清洗剂是酸液、碱液和净水，而不是双氧水。由于管道中双氧水残留未被清洗掉，混入清洗后加工的牛奶中，造成污染，发生饮后中毒反应。

②超范围使用食品添加剂。《食品安全国家标准　食品添加剂使用标准》（GB 2760—2014）中，规定了漂白剂二氧化硫及焦亚硫酸钾、焦亚

硫酸钠、亚硫酸钠、亚硫酸氢钠、低亚硫酸钠的适用食品是蔬菜制品（干制蔬菜、腌渍蔬菜和蔬菜罐头）和其他食品，不允许用于新鲜蔬菜。但市场曾发现非法用于豆芽菜（主要品种为黄豆芽、绿豆芽）、藕片、土豆、黄花菜、蘑菇、生姜、银耳等。

③超量使用食品添加剂。《食品安全国家标准　食品添加剂使用标准》（GB 2760—2014）中，规定了可在各类食品中按生产需要适量使用的食品添加剂，包括谷氨酸钠（即味精成分）等 4 种增味剂、抗坏血酸（又名维生素 C）及其盐类等 5 种抗氧化剂、柠檬酸及其盐类等 13 种酸度调节剂、木糖醇等 6 种甜味剂、甜菜红等 5 种着色剂、果胶等 24 种增稠剂、改性大豆磷脂等 9 种乳化剂、甘油等 3 种水分保持剂、葡萄糖酸-δ-内酯 1 种稳定和凝固剂、碳酸钙等 3 种膨松剂、微晶纤维素 1 种抗结剂、氯化钾 1 种其他类食品添加剂，共 75 种食品添加剂。除此以外，均规定最大使用量。超过之，会造成健康危害。

健康危害包括急性食源性疾病、慢性食源性疾病两大类。前者包括过敏性疾患，而后者包括隐性疾患以及致畸、致癌、致突变病变。食品中危害物的性质、含量及摄入量致使急性或慢性食源性疾病。毒性大的危害物只引起急性食源性疾病，如沙门氏菌、大肠埃希氏菌、金黄色葡萄球菌、溶血性链球菌等致病菌。但多数危害物依其摄入量可引起急性或慢性食源性疾病，如双氧水。

例 1：食用添加三聚氰胺的乳制品后，引起的急性反应是恶心、上吐下泻，有时伴有发烧；长期食用后，婴儿会出现浮肿、头大、腹痛、尿频、消瘦等肾结石症状，甚至死亡。

例 2：食用添加吊白块的食品后，引起的慢性危害是损伤肾脏、肝脏，引发致畸、致癌、致突变。同时，对过敏性体质可引发体表紫斑，过敏性紫癜肾炎。

例 3：双氧水引起急性的上吐下泻，慢性的消化道损伤。

其他还有罂粟壳掺入火锅调料，引起隐性危害等。各种非法使用非食品化学物质引发的危害，不胜枚举。

**（2）物理性危害、化学性危害和生物性危害**

这 3 种危害概括了各种危害。总体来看，只要规范生产，合法经营，物理性危害和化学性危害基本上是可以避免的。而生物性危害是食品的主要危害。国外发达国家的食品危害因素，乃至风险评估，主要针对生物性危害。而我国由于生产技术尚不先进，企业诚信尚有问题，使得物理性危害和化学性危害成为显著的危害，尤其是化学性危害。

①物理性危害是生产工艺和环境所致，生产工艺条件不合理。如乳品厂第一道加工工艺是净乳，可采用离心净乳机。若离心转速不足或排渣不畅，则牛奶中杂质除不净，会有泥块、沙粒、牛毛、饲料等杂质，在净乳后的加工工艺中会保留这些杂质，直至牛奶产品，食用后造成物理性危害。另外，包装及储运不佳，环境的污染也是物理性危害的重要原因。

②化学性危害的原因包括以下几个方面：

1）食品本底的化学有害物质。有些食品须经过处理脱除原有的化学有害物质，才可食用。化学有害物质主要包括以下几类：

第一，毒性物质：例如，河豚中的河豚毒素、贝类中的麻痹性毒素和腹泻性毒素，马铃薯发芽部位的茄碱等有毒植物碱，杏仁中的苦杏仁苷等。这些毒素的毒性都比较强，必须彻底脱除后才可食用这些食品。另外，有些植物不作为食品，但容易与同类食品混淆，应严格区别。如红天狗蕈、月夜茸、裸蕈、狂笑蘑等蘑菇中的蕈毒，毒芹中的毒芹素宁等。

第二，有碍人体正常生理作用的物质：如抗维生素物质、抗酶物质、抗甲状腺物质。这些物质尽管没有明显的毒性，且含量极低，通常摄入量不大。但对于极端偏食者，会引起营养障碍性疾病。因此，也必须脱除。

第三，过敏性物质：这类物质不是对整个消费者有害，而是对个别过敏性体质的人群有害。由于人体的过敏源多样，因此，过敏性物质也多种多样，如海鲜引起荨麻症等。

第四，对个别人群有害的物质：如蔗糖对糖尿病人，啤酒中的嘌呤对痛风病人等。

总之，食品生产者应脱除上述第一和第二类化学有害物质。消费者食用各类食品时，应根据自身体质避免上述第三和第四类化学有害物质。

2）食品加工过程产生的化学有害物质。这是个别食品加工发生的安全问题，而且，只要予以充分注意，是可以避免的。例如，油炸食品，若炸制过程中不及时更换新油，长期、反复使用旧油，则会产生苯并（a）芘和丙烯酰胺等。另外，加工过程使用的食品添加剂必须符合国家规定的质量要求，否则其中的杂质会带有化学有害物质。例如，20 世纪 50 年代日本发生砷奶事件，其原因是中和牛奶的磷酸氢二钠中含有砷。因此，我国已发布一系列食品添加剂的食品安全国家标准，规定食品添加剂的质量，尤其是其中所含的有害物质。

3）非法添加的化学有害物质。这类物质多种多样，如上所述。

4）包装材料污染食品的化学有害物质。主要发生在以下两种包装中：

第一，塑料包装：塑料是将乙烯、丙烯、氯乙烯等单体聚合而成的高分子材料，其中还含有塑化剂、溶剂残留，有的还有着色剂。制作不佳的塑料包装物中所含的未聚合单体、塑化剂、溶剂，甚至着色剂较多，会不时地释放，尤其经历加热等处理，释放更多，而污染所包装的食品。对于液态食品，如酒、食用油、醋等，更容易被污染。有害物质包括氯乙烯、乙烯、丙烯腈等。

第二，陶瓷包装：不合格陶瓷中含有不等量的铅，若装液态食品，会受到污染，尤其是酸性液态食品，如醋、果汁等。

5) 环境污染的化学物质。大气扩散可将城市垃圾焚烧或农田秸秆焚烧产生的二噁英，汽车尾气排放的铅、烃类化合物、氮氧化物，工业或民用锅炉排放的烟尘、二氧化硫及重金属、有机物等工业废气，医院或饲养场的沙门氏菌等致病菌带到农田作物、密闭条件不佳的加工车间；污水或土壤中的重金属会被作物根系吸收，造成农产品，乃至其加工品的重金属污染，如大米中的镉。

③生物性危害的原因可以是食品本底、生产加工工艺、包装储运。

1) 食品本底的生物性危害主要发生在生食食品，如蔬菜和水果，包括微生物、寄生虫及其虫卵。另外，不良饮食习惯生食的动物性食品，如鲜蛋中的沙门氏菌、肉中的寄生虫等。

2) 生产加工工艺不合理，如杀灭菌强度不够，没有完全杀灭致病菌；杀灭菌工艺后的管道有微生物污染，使经杀灭菌后的食品又被微生物污染。

3) 包装储运不规范，如包材不干净，包装机械有微生物污染；冷冻储存未达规定温度，或食品的中心部分未达此温度；运输时包装破损，受到环境中微生物污染等。

**(3) 食品添加剂的安全性评价**

各国对食品添加剂的安全性评价方法各异，有时同一种物质得出不同的安全性结论，造成各国准用和禁用的食品添加剂有一定差别。国际上通过一整套科学的毒理学试验来评价食品添加剂的安全性，并制定食品添加剂通用标准。具体规定如下：

①列入本标准的所有食品添加剂均是依据 JECFA 发布的安全性资料，并在规定的使用量内不会对消费者健康产生危害。

②将某物质列入本标准作为食品添加剂时，需考虑其 ADI，或者 JECFA 确立的等同的安全评估，以及每日所有膳食来源的可能摄入量；当用于特定消费群体（如：糖尿病患者、需要特殊医用膳食的人群、需要配方流质膳食的病人）食用的食品时，应该考虑消费者每日可能摄

入量。

③加入食品中添加剂的量应等于或低于最大使用量，并且应是达到预期工艺效果的最低量。最大使用量可依据申请程序，由 JECFA 对某国摄入评估资料进行独立的评价。

以上 3 条是联合国食品法典委员会对食品添加剂安全性的界定，它取决于两个因素，即日允许摄入量（ADI）或粮农组织和世界卫生组织下属的食品添加剂联合专家委员会（JECFA）做出的其他安全评估、添加量不得超过最大使用量。

④国际上普遍公认的安全性评价参数有以下几种：

1）日允许摄入量（ADI，即 Acceptable Daily Intakes）。这是由 JECFA 制定，并由联合国食品法典委员会（CAC）发布的国际通用的指标。它定义为单位体重人体终生摄入食品添加剂而无显著健康危害的每日允许摄入的量，其单位是毫克每天每千克体重（mg/d·kgbw），这是一个估计值，并没有考虑性别、年龄、抵抗力差异等个体因素。确定该估计值的方法是对大鼠或小鼠近乎一生的长期毒理试验得到的最大无作用量（MNL），乘以 $1/100 \sim 1/500$ 的安全率换算到人体（一般人群的参数为 $1/100$，婴儿等特殊人群的参数可用 $1/500$），计算出 ADI 值。由某种食品添加剂的 ADI 值计算其在食品中的最大使用量（MRL）时，只需以一般体重为 60kg 的人，每日对该食品的最大摄入量进行换算，即可得到 MRL 值。

2）半数致死量（$LD_{50}$）。这是以大鼠经口摄入后，达半数大鼠致死的急性剂量，由大鼠 $LD_{50}$ 值乘以一定系数（随毒性大小而异）推断人的致病量，但 $LD_{50}$ 值仅代表急性毒理试验，并不能说明亚急性、慢性毒理、隐性、过敏性以及致畸、致癌、致突变的情况，因此应用价值低于 ADI 值。

3）公认安全（GRAS，即 Generally Recognized as Safe）。它是美国推出的一种食品安全性评价方法。美国食品药品管理局（FDA）规定符合以下一种或数种条件的食品添加剂为公认安全：一是在天然食品中存在；二是常量摄入后在人体内极易代谢；三是结构与某已知安全的物质非常近似；四是在广大范围（即若干国家）内已长期（30 年以上）安全食用；五是同时具备下列条件：在某国家已使用 10 年以上；任一食品中的平均最高含量不超过 10mg/kg；在美国的年消费量低于 454kg；从化学结构、成分分析或实际应用中均证明没有安全性问题。

GRAS 评价方法从实践和经验出发，简化了食品添加剂的安全性评价。它是目前唯——个不需进行严密科学实验，而得出可信结论的安全性评价方法。

因此，在选用食品添加剂时应考虑国际通用的 ADI 值及美国的 GRAS，同时结合我国相关法律法规。

## 2.5.2 使用目的

**【标准原文】**

4.2 在下列情况下可使用食品添加剂：
  a) 保持或提高食品本身的营养价值；
  b) 作为某些特殊膳食用食品的必要配料或成分；
  c) 提高食品的质量和稳定性，改进其感官特性；
  d) 便于食品的生产、加工、包装、运输或者储藏。

**【内容解读】**

有以下 **4** 种使用目的，包括了 **23** 类食品添加剂的功能。

**(1) 保持或提高食品本身的营养价值**

①抗氧化剂。例如，抗坏血酸添加在含油脂食品中，可防止油脂氧化，保持油脂营养价值。同时，抗坏血酸又是维生素，可提高食品营养价值。

②被膜剂。例如，巴西棕榈蜡涂抹于柑橘表面，可长期保持水分；液体石蜡涂抹于鲜蛋表面，可延长保质期，维持营养价值。

③防腐剂。例如，化学防腐剂山梨酸钾可防止食品腐败变质，保持原有营养价值；而微生物防腐剂乳酸链球菌素本身就是有益菌，帮助人体消化。

**(2) 作为某些特殊膳食用食品的必要配料或成分**

这种必要配方和成分包括以下几类：

①有营养价值。例如，营养强化剂，它是特殊膳食用食品中的重要营养成分，尤其对婴幼儿、老弱病残消费者。

②无营养价值。例如，甜味剂甜菊糖，只提供甜味，而不参与人体糖代谢，适合于糖尿病人，是糖尿病患者食品的必要配方和成分。

**(3) 提高食品的质量和稳定性，改进其感官特性**

具有这类作用的食品添加剂可分为以下几类：

①提高质量。例如，水分保持剂，还有硫酸锌、硫酸镁、乳铁蛋白、酪蛋白钙肽、酪蛋白磷酸肽都可提高食品的质量。

②提高稳定性。例如，稳定剂和凝固剂。

③改进感官。例如，漂白剂、着色剂和护色剂可改进色泽；增味剂、甜味剂、酸度调节剂、食品用香料可改进滋气味；抗结剂、膨松剂、增稠剂、乳化剂、胶基糖果中的基础物质可改进食品组织状态。

**（4）便于食品的生产、加工、包装、运输或储藏**

例如，酶制剂、面粉处理剂和加工助剂。

### 2.5.3 食品添加剂质量要求

**【标准原文】**

**4.3** 所用食品添加剂的产品质量应符合相应的国家标准。

**【内容解读】**

每一种食品添加剂都应该有一个国家标准，规范产品质量。由于准用的食品添加剂很多，目前还没有完成所有食品添加剂的国家标准，尚需不断增订。

食品添加剂国家标准的主要内容，以《食品安全国家标准 食品添加剂 番茄红》（GB 28316—2012）为例，叙述如下：

**（1）范围**

叙述该标准适用于哪一类番茄红，由此可见属天然还是人工合成食品添加剂。该标准阐明适用于以番茄或番茄制品为原料，采用超临界流体（包括二氧化碳等）或有机溶剂为萃取介质制备的食品添加剂番茄红。从标准文本来看，该有机溶剂为乙酸乙酯或正己烷。因此，番茄红属于天然食品添加剂。

**（2）感官要求**

色泽为深红色，组织状态为膏状、油状或粉状。

**（3）理化要求**

质量要求包括番茄红素、总类胡萝卜素。安全要求包括铅、总砷和溶剂残留（即乙酸乙酯或正己烷）。商品化番茄红制品还可含有明胶、抗氧化剂、糊精、植物油和淀粉。

**（4）检验方法**

引用国家标准分析方法即以附录形式规定的分析方法。

由此可见，每个食品添加剂都应有相应的国家标准，规定其生产原料及制备方法；感官、理化和安全要求；检验方法。只有符合国家标准，食品添加剂的质量才有保证。

**【实际操作】**

**（1）原料要求**

用作着色剂番茄红的原料必须是番茄或番茄制品，后者包括番茄块、番茄汁、番茄酱等，不准用合成红色素冒名番茄红。番茄红是天然着色剂，而非人工合成着色剂。

**（2）感官要求**

应符合色泽和组织状态两方面要求。色泽为暗红色。膏状组织状态是生产提取的番茄红加入明胶、糊精等调配而成；油状则是加入植物油调配而成；粉状则是脱水干燥而成。

**（3）质量要求**

该标准中列出的番茄红素、总类胡萝卜素指标值均是极小值，番茄红产品中这两个项目的含量必须大于或等于所列指标值。这个质量要求也保证了番茄红原料是成熟度良好的植物番茄或其制品。

**（4）安全要求**

该标准中列出的铅、总砷、乙酸乙酯、正己烷指标值均是极大值，要求番茄红产品中这 4 个项目的含量必须小于或等于所列指标值。

**（5）检验方法**

按该标准所列的方法检验才是合法的检验，若分析结果正确的话，具有法律效果。

## 2.5.4 带入原则

**【标准原文】**

4.4　在以下情况下，食品添加剂可通过食品配料（含食品添加剂）带入食品中：

a）根据本标准，食品配料中允许使用该食品添加剂；

b）食品配料中该添加剂的用量不应超过允许的最大使用量；

c）应在正常生产工艺条件下使用这些配料，并且食品中该添加剂的含量不应超过由配料带入的水平；

d）由配料带入食品中的该添加剂的含量应明显低于直接将其添加到该食品中通常所需要的水平。

**【内容解读】**

GB 2760—2014 中食品添加剂带入原则内容与联合国食品法典委员会

标准《食品添加剂通用标准》（CODEX STAN 192—1995，rev 2011　Codex General Standard for Food Additives）一致，绿色食品的农业行业标准《绿色食品　食品添加剂使用准则》（NY/T 392—2014）与以上 2 个标准一致，即食品中的食品添加剂可有 2 个来源。一个是直接添加；另一个是含食品添加剂的食品配料带入。这两部分合起来作为食品的最终食品添加剂。直接添加的食品添加剂由本标准限定，而食品配料带入的食品添加剂应符合以下原则：

**（1）食品配料中允许使用该食品添加剂**

食品配料中的食品添加剂也应符合本标准规定，只有在这个前提下，才允许由食品配料中的食品添加剂带入到食品中。例如，绿色食品方便面中料包要使用防腐剂的话，可使用山梨酸，这是本标准允许的；不可使用苯甲酸，因苯甲酸是本标准不允许使用的。

**（2）食品配料中该添加剂的用量不应超过允许的最大使用量**

该原则要求食品配料中的食品添加剂的用量也应符合本标准规定的最大使用量。例如，料包中的酱油使用山梨酸，其含量不得超过 1.0g/kg。

**（3）应在正常生产工艺条件下使用这些配料，并且食品中该添加剂的含量不应超过由配料带入的水平**

该原则要求使用含有食品添加剂的配料，应遵循正常的生产工艺条件，以保证配料及其含有的食品添加剂不发生质量变化。而且要求食品中原有的该添加剂的含量（不是直接添加的含量）低于带入量。例如，酱油在料包中是伴入的调味料，是通过常温搅拌加入料包。这料包因含有酱油而含有一定量的山梨酸，而原料包和原面条部分并无山梨酸，即食品中该添加剂的含量不应超过由配料带入的水平。

**（4）由配料带入食品中的该添加剂的含量应明显低于直接将其添加到该食品中通常所需要的水平**

该原则要求带入量远低于直接添加量。例如，酱油是料包成分之一，若酱油占料包质量的 1/10，料包占整个方便面质量的 1/10，则酱油带入方便面中山梨酸的最大浓度为 0.01g/kg。方便面允许的山梨酸最大使用量是 1.5g/kg。带入量远小于直接添加量。

**（5）**带入原则不适用的食品是婴儿配方食品和特殊医学用途的食品。

**（6）**当食品允许使用某种食品添加剂，其配料也允许使用该食品添加剂，则食品中的该食品添加剂含量（包括食品中原有的以及配料带入的）应符合 GB 2760—2014 规定的限量。依据《食品安全国家标准　预包装食品标签通则》（GB 7718—2011），该配料应列入标签的配料表中。

【实际操作】

**(1) 最大使用量**

食品添加剂使用时所允许的最大添加量。本标准和国家标准采用的单位为 g/kg，而国际上采用的单位为 mg/kg。采用最大使用量的前提是良好生产规程（GMP），只有在这种前提下，这最大使用量才是安全的。在确定最大使用量时考虑的因素包括被添加的食品性质、食品加工工艺、包装储运条件、消费者保存食品的方式。考虑这些因素后，JECFA 依据风险评估的结果确定最大使用量。

**(2) 正常生产工艺条件**

从我国目前状况来看，正常生产工艺条件是指企业取得营业执照前，主管行政部门批准的生产工艺条件。但由于批准的食品生产企业有先后，国家对食品的安全要求不断提高，对食品生产工艺条件也不断提高。因此，"正常"的内容也在不断更新，以达到食品安全的要求。

在国际上，正常生产工艺条件的含义是按照良好生产规程（GMP）确定的工艺条件。我国在食品行业已开展 GMP 认证，GMP 要求是原则性要求，而不是具体的工艺条件。由于各个食品企业采用的工艺流程、工艺设备和工艺条件都不一样，即使同类食品企业生产同类产品。如乳品厂生产牛奶，也有不同的工艺条件。以杀灭菌工艺条件为例，可采用低温长时间巴氏杀菌、高温短时间巴氏杀菌、保持杀菌或超高温灭菌。因此在制定标准时，首先要确定前提条件，也就是在一个规定的工艺条件下生产，而这个工艺条件就是良好生产规程（GMP）规定的工艺条件，在这工艺条件前提下规定食品添加剂的最大使用量。GMP 对食品生产的规定涉及食品加工的环境条件、卫生条件、加工原料、加工工艺及其工艺条件、产品检验、包装、储存和运输。对于质量要求严格的、对社会影响力大的行业，还要求可追溯性。

GMP 规定的生产工艺条件尽管比较严格，但各食品企业按照自身产品的特点和质量安全要求，将此要求具体化，并在生产实践中不断改进。例如，大米生产企业依据黄曲霉毒素 $B_1$ 的质量安全要求，确定自身的生产工艺条件，而这种确定又须根据当地条件，如稻谷收购时水分限量可定为 14% 或 14.5%；原粮储存的粮库除了保持通风、合理堆码和合理储存时间外，温度可控制在 15℃ 或 20℃ 以内；成品库储存温度可控制在 20℃ 或 25℃ 以内；出厂检验抽样的频次可定为每批次 1 个或 2 个样。这些生产工艺条件均从实践出发，实事求是，各工艺段的工艺条件相互配合，达到一个综合目标，即大米成品中黄曲霉毒素 $B_1$ 含量达到产品标准的要求。而且，在实践中不断更新、改进。

GMP 是危害分析和关键控制点（HACCP）的前提，只有达到 GMP 要求，生产工艺条件合理后，才能进一步实施 HACCP。因此，实施 HACCP 认证时，先应获得 GMP 认证；或者在实施 HACCP 认证时，生产工艺条件已经调整到 GMP 规定的要求。

GMP 对于食品添加剂使用有以下 3 点要求：

①在达到添加目的的前提下，将食品添加剂的使用量降至最低。

②食品生产、加工或包装中加入的食品添加剂，若成为食品成分的一部分，则其使用量应达到合理程度。本要求是针对成为食品成分组成部分的食品添加剂，不包括加工助剂，如包装充气等。既然作为食品的组成部分，在它成分和性能变化之前，它会在食品中长期起作用。因此，其使用量应做合理计算。例如，食品中加入防腐剂，食品的保质期为 6 个月，食品的 pH 小于 7，呈弱酸性，包装为密封瓶装。在这种条件下，使用山梨酸作为防腐剂，山梨酸不易降解，可在 6 个月内基本保持相同的防腐效果。若使用双乙酸钠，则它会在 6 个月期间发生降解，防腐效果会逐渐下降。生产企业应根据双乙酸钠在此条件下的降解速率，计算合理的使用量。因此，生产企业依据自身产品和生产特点，从众多允许使用的食品添加剂中选出最合适的品种，计算出合理的使用量。

③食品添加剂应是食品级产品，在食品加工厂中的使用应按食品配料要求执行。我国同一种化学物质往往有食品级和化工级之分，例如，单甘酯（单硬脂酸甘油酯）有食品级，作为各种食品生产的乳化剂；有化工级，作为化妆品的乳化剂。后者含有较多杂质，不适用于食品生产。两者价格差三四倍。食品生产企业不应图便宜而使用化工级的单甘酯。

# 2.6　绿色食品生产中食品添加剂使用规定

## 2.6.1　生产 AA 级绿色食品允许使用的食品添加剂

【标准原文】

5.1　生产 AA 级绿色食品应使用天然食品添加剂。

【内容解读】

AA 级绿色食品见第 3 章 3.1.1，天然食品添加剂见第 1 章 1.2.1.2。

## 2.6.2 生产 A 级绿色食品允许使用的食品添加剂

**【标准原文】**

**5.2** 生产 A 级绿色食品可使用天然食品添加剂。在这类食品添加剂不能满足生产需要的情况下，可使 5.5 以外的化学合成食品添加剂。使用的食品添加剂应符合 GB 2760—2014 规定的品种及其适用食品名称、最大使用量和备注。

**【内容解读】**

**（1）天然食品添加剂的使用**

生产 A 级绿色食品时首先考虑使用天然食品添加剂，是从安全性角度考虑。但是，相对于人工合成食品添加剂而言，天然食品添加剂有其不足之处。各种天然食品添加剂的不足之处均不相同。综合而言，有以下几点：

①价格较贵。例如，蔗糖比甜味剂中的安赛蜜（乙酰磺胺酸钠）价格贵。

②使用性能不如人工合成食品添加剂。例如，着色剂中天然的红曲红对果蔬汁饮料着色后，不如人工合成的胭脂红稳定。

③含有较多杂质。例如，着色剂中天然的红曲红用于果酱，因红曲红中有一定含量的脂肪、蛋白质，相对于人工合成的苋菜红，容易滋生微生物，因此在果酱中宜使用苋菜红。

因此，食品生产企业在选用食品添加剂时，依据食品的特性，允许使用人工合成食品添加剂。

**（2）人工合成食品添加剂的使用**

选用的人工合成食品添加剂，不可为禁用品种。禁用品种将在后述的"绿色食品生产中禁止使用的食品添加剂"中讲述。

**（3）天然食品添加剂和人工合成食品添加剂的使用**

无论是天然还是人工合成食品添加剂的使用，均应符合 GB 2760—2014 规定的品种及其适用食品名称、最大使用量和备注。在 GB 2760—2014 规定中列出的食品添加剂品种具有 2 种编号，一种是中国编码系统（CNS）编号，另一种是国际编码系统（INS）编号。所列的食品添加剂都有 CNS 编号，有些食品添加剂如果是我国特有的，则没有 INS 编号。

**【实际操作】**

绿色食品生产中食品添加剂的使用除标准中所禁止使用的品种外，其他食品添加剂的使用应符合《食品安全国家标准　食品添加剂使用标准》（GB 2760）的规定，在执行 GB 2760 规定的过程中有以下几方面问题需要注意：

**（1）关于食品添加剂的名称和编码**

①中国编码系统（CNS）。GB 2760—2014 规定的食品添加剂品种都有一个食品添加剂的中国编码系统的编码，由食品添加剂的主要功能类别代码和在本功能类别中的顺序号组成。一种食品添加剂可以只有一种功能，如白油（液体石蜡）只是被膜剂；也可以有多种功能，如丙二醇具有稳定剂和凝固剂、抗结剂、消泡剂、乳化剂、水分保持剂、增稠剂 6 种功能。每种食品添加剂按其主要功能给出类别代码。我国食品添加剂的主要功能类别为 23 类，其名称如下：

第 1 类　酸度调节剂：用以维持或改变食品酸碱度的物质。

第 2 类　抗结剂：用于防止颗粒或粉状食品聚集结块，保持其松散或自由流动的物质。

第 3 类　消泡剂：在食品加工过程中降低表面张力，消除泡沫的物质。

第 4 类　抗氧化剂：能防止或延缓油脂或食品成分氧化分解、变质，提高食品稳定性的物质。

第 5 类　漂白剂：能够破坏、抑制食品的发色因素，使其褪色或使食品免于褐变的物质。

第 6 类　膨松剂：在食品加工过程中加入的，能使产品发起形成致密多孔组织，从而使制品具有膨松、柔软或酥脆的物质。

第 7 类　胶基糖果中基础剂物质：赋予胶基糖果起泡、增塑、耐咀嚼等作用的物质。

第 8 类　着色剂：使食品赋予色泽和改善食品色泽的物质。

第 9 类　护色剂：能与肉及肉制品中呈色物质作用，使之在食品加工、保存等过程中不致分解、破坏，呈现良好色泽的物质。

第 10 类　乳化剂：能改善乳化体中各种构成相之间的表面张力，形成均匀分散体或乳化体的物质。

第 11 类　酶制剂：由动物或植物的可食或非可食部分直接提取，或由传统或通过基因修饰的微生物（包括但不限于细菌、放线菌、真菌菌种）发酵、提取制得，用于食品加工，具有特殊催化功能的生物制品。

第 12 类　增味剂：补充或增强食品原有风味的物质。

第 13 类　面粉处理剂：促进面粉的熟化和提高制品质量的物质。

第 14 类　被膜剂：涂抹于食品外表，起保质、保鲜、上光、防止水分蒸发等作用的物质。

第 15 类　水分保持剂：有助于保持食品中水分而加入的物质。

第 16 类　营养强化剂：为增强营养成分而加入食品中的天然的或者人工合成的属于天然营养素范围的物质（GB 2760—2014 将营养强化剂调整为由其他标准进行规定，不再列入 GB 2760 管理范畴）。

第 17 类　防腐剂：防止食品腐败变质、延长食品储存期的物质。

第 18 类　稳定剂和凝固剂：使食品结构稳定或使食品组织结构不变，增强黏性固形物的物质。

第 19 类　甜味剂：赋予食品以甜味的物质。

第 20 类　增稠剂：可以提高食品的黏稠度或形成凝胶，从而改变食品的物理性状，赋予食品黏润、适宜的口感，并兼有乳化、稳定或使呈悬浮状态作用的物质。

第 21 类　食品用香料：能够用于调配食品香精，并使食品增香的物质。

第 22 类　食品工业用加工助剂：有助于食品加工能顺利进行的各种物质，与食品本身无关。如助滤、澄清、吸附、脱模、脱色、脱皮、提取溶剂等。

第 23 类　其他：上述功能类别中不能涵盖的其他功能。

例如，丙二醇的 CNS 号是 18.004，即第 18 类稳定剂和凝固剂中顺序号为 004 号的食品添加剂；刺梧桐胶的 CNS 号是 18.010，即第 18 类稳定剂和凝固剂中顺序号为 010 号的食品添加剂。

②国际编码系统（INS）。由 JECFA 制定的食品添加剂的国际编码，用于代替复杂的化学结构名称。编入 INS 的物质并不意味已获得 CAC 批准成为食品添加剂，因为 INS 纳入各种物质比较方便，而成为 CAC 的食品添加剂需要做大量的试验、计算和风险评估。因此，具有 INS 编号的物质，逐渐成为 CAC 的食品添加剂。目前列入 CAC 的食品添加剂，其 INS 号是不连续的，空出号的物质有待进一步工作，再确定是否可成为 CAC 的食品添加剂。

INS 是一个开放体系，新物质可以编入，原有的可以去除，而不影响整个 INS 的结构，也不影响其他未变动的原有食品添加剂。

编入 INS 的食品添加剂分为 27 类，比我国分的 23 类多。在这 27 类中不包括香料、胶基糖果中基础剂物质、营养强化剂。所分类别如下：

第 1 类　酸度调节剂：用以维持或改变食品酸碱度的物质。

第 2 类　抗结剂：用于防止颗粒或粉状食品聚集结块，保持其松散或自由流动的物质。

第 3 类　消泡剂：在食品加工过程中降低表面张力，消除泡沫的物质。

第 4 类　抗氧化剂：能防止或延缓油脂或食品成分氧化分解、变质，提高食品稳定性的物质。

第 5 类　漂白剂：能够破坏、抑制食品的发色因素，使其褪色或使食品免于褐变的物质。

第 6 类　膨松剂：在食品加工过程中加入的，能使产品发起形成致密多孔组织，从而使制品具有膨松、柔软或酥脆的物质。

第 7 类　碳酸剂：产生碳酸的物质。

第 8 类　加工助剂：溶解、稀释、分散或改变食品添加剂或营养强化剂物理性状，而不改变其功能的物质。

第 9 类　着色剂：使食品赋予色泽和改善食品色泽的物质。

第 10 类　护色剂：能与肉及肉制品中呈色物质作用，使之在食品加工、保存等过程中不致分解、破坏，呈现良好色泽的物质。

第 11 类　乳化剂：能改善乳化体中各种构成相之间的表面张力，形成均匀分散体或乳化体的物质。

第 12 类　乳化盐：改变食品中蛋白质分布，防止脂肪分离的物质。

第 13 类　凝固剂：增强黏性固形物的物质。

第 14 类　增味剂：补充或增强食品原有风味的物质。

第 15 类　面粉处理剂：促进面粉的熟化和提高制品质量的物质。

第 16 类　泡沫剂：在液体或固体食品中产生均匀气泡的物质。

第 17 类　胶合剂：使食品成为胶状的物质。

第 18 类　被膜剂：涂抹于食品外表，起保质、保鲜、上光、防止水分蒸发等作用的物质。

第 19 类　水分保持剂：有助于保持食品中水分而加入的物质。

第 20 类　包装气体：食品包装以前、期间或以后输入的气体。

第 21 类　防腐剂：防止食品腐败变质、延长食品储存期的物质。

第 22 类　隔离气体：将食品隔离包装容器的气体。

第 23 类　膨大剂：产生气体，使面团体积增大的单体或复合食品添加剂。

第 24 类　阳离子结合剂：能结合食品中阳离子的物质。

第 25 类　稳定剂：使食品结构稳定或使食品组织结构不变的物质。

第 26 类　甜味剂：赋予食品以甜味的物质。

第 27 类　增稠剂：可以提高食品的黏稠度或形成凝胶，从而改变食品的物理性状，赋予食品黏润、适宜的口感，并兼有乳化、稳定或使呈悬浮状态作用的物质。

以上 27 类中没有酶制剂，根据酶制剂在食品中的作用，将其分散列入防腐剂、稳定剂和面粉处理剂等。

INS 的编号为 3 位或 4 位数字，例如，152 号为炭黑，1200 号为葡聚糖。数字后可跟小写的英文字母，表示不同制法，例如，150a 表示焦糖色（普通法），150d 表示焦糖色（亚硫酸铵法）。同一种食品添加剂根据性质不同可细分为亚种，例如，172 号为氧化铁，细分为两个亚种，172（Ⅰ）为氧化铁（黑色），172（Ⅱ）为氧化铁（红色），172（Ⅲ）为氧化铁（黄色）。

所列的食品添加剂名称为通用名。若有同义名称，则在其后加括号列出，或在其后用逗号分开列出。

若一种食品添加剂有多个功能，则将这些功能都列出。

**（2）如何查询食品添加剂的使用规定**

GB 2760 附录 A 给出了食品添加剂的使用规定，该附录共有 3 个附表：表 A.1 为食品添加剂的允许使用品种、使用范围以及最大使用量或残留量；表 A.2 为可在各类食品中按生产需要适量使用的食品添加剂名单；表 A.3 为按生产需要适量使用的食品添加剂所例外的食品类别名单。

①关于 GB 2760 表 A.1 的使用说明。表 A.1 是按照允许使用的食品添加剂品种列表，并以其中文名称的汉语拼音排序。GB 2760 表 A.1 包括两部分内容：一是允许使用的食品添加剂名称部分，包括中英文名称、CNS 号、INS 号和食品添加剂功能；二是食品添加剂的使用范围和最大使用量，使用范围与标准中食品分类系统相对应，包括食品分类号和食品名称，凡是未被列出的食品均不允许使用该食品添加剂。见图 2-1。

GB 2760 表 A.1 备注内容可归纳为以下几方面：

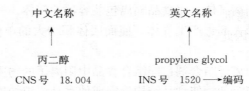

功能 稳定剂和凝固剂、抗结剂、消泡剂、乳化剂、水分保持剂、增稠剂

| 食品分类号 | 食品名称 | 最大使用量（g/kg） | 备注 |
|---|---|---|---|
| 06.03.02.01 | 生湿面制品（如面条、饺子皮、馄饨皮、烧麦皮） | 1.5 | |
| 07.02 | 糕点 | 3.0 | |

使用范围　　　　　　　表示在每千克食品中允许使用的最大克数

图 2-1　GB 2760 表 A.1 的示例说明

以何种化合物计：有些食品添加剂是一组化合物，因此必须说明在添加后的食品中以何种化合物计，生产时最大使用量以该化合物计，食品检验时就以该化合物作为目标化合物。例如，丙酸及其钠盐、钙盐，以丙酸计，规定在豆类制品中最大使用量为 2.5g/kg；若使用丙酸，则最大使用量为 2.5g/kg；若使用丙酸钠，则经过分子量换算，最大使用量为 3.3g/kg。

列出使用方法：即限定使用方法。例如，纳他霉素是一种抗真菌素，真菌是从表面开始生长，因此，预防所用的抗真菌素也是用于食品表面，以达到用量少、效果好。用于干酪的方法是表面使用，混悬液喷雾或浸泡。对于真菌所需碳素、氮素营养丰富的食品，如蛋黄酱、沙拉酱，则不限用法，可以用于食品内部。

详细说明适用食品中不同状态的最大使用量：有些适用食品是一类食品，且总固体含量差异很大，则最大使用量应区别对待。例如，刺云实胶（增稠剂）用于果冻，最大使用量为 5.0g/kg；若用于果冻粉，则按冲调倍数增加使用量。若冲调倍数为 5 倍，才可制成果冻，则在果冻粉中最大使用量也增加 5 倍，为 25.0g/kg。

列出残留限量：有些食品添加剂在生产时既做出最大使用量的规定，还要做出食品中残留量的限量规定，由质检部门检验是否符合要求。这个使用量和残留量是不同的，没有固定的换算关系。生产企业在投放食品添加剂时不仅要考虑规定的最大使用量，还要考虑规定的残留限量。例如，双乙酸钠作为防腐剂，使用于大米时，最大使用量为 0.2g/kg，残留限量则为 30mg/kg。因此，使用时要估计使用后降解速率，确保抽检时残留降至 30mg/kg 以下。否则，不要按最大使用量使用，按残留限量使用更为保险。

②关于 GB 2760 表 A.2 的使用说明。GB 2760 表 A.2 规定了可在各类食品中按生产需要适量使用的食品添加剂名单，按照食品添加剂使用原则，按"生产需要适量使用"应为按良好生产工艺条件加工食品，在达到预期效果的前提下尽可能减少食品添加剂的使用量。允许按生产需要适量使用的食品添加剂仅是部分食品添加剂，它们基本上无毒性。营养强化剂的使用量按《食品安全国家标准 食品营养强化剂使用标准》(GB 14880—2012) 执行。除了酶制剂、食品用香料和加工助剂均可按生产需要适量使用外，可在各类食品中按生产需要适量使用的食品添加剂品种，按功能分类如下：

第 1 类 酸度调节剂：L（十）-酒石酸、冰乙酸（又名冰醋酸）、冰乙酸（低压羰基化法）、酒石酸、柠檬酸、柠檬酸钾、柠檬酸钠、柠檬酸一钠、苹果酸、乳酸、乳酸钠、碳酸钾、碳酸钠、碳酸氢钾、碳酸氢钠、葡萄糖酸钠。

第 2 类 抗结剂：微晶纤维素。

第 4 类 抗氧化剂：D-异抗坏血酸及其钠盐、抗坏血酸（又名维生素 C）、抗坏血酸钠、抗坏血酸钙、磷脂、乳酸钠。

第 6 类 膨松剂：羟丙基淀粉、乳酸钠、碳酸钙（包括轻质和重质碳酸钙）、碳酸氢铵、碳酸氢钠。

第 8 类 着色剂：β-胡萝卜素、柑橘黄、高粱红、天然胡萝卜素、甜菜红。

第 10 类 乳化剂：单/双甘油脂肪酸酯（油酸、亚油酸、亚麻酸、棕榈酸、山嵛酸、硬脂酸、月桂酸）、改性大豆磷脂、甘油、酪蛋白酸钠（酪朊酸钠）、磷脂、酶解大豆磷脂、柠檬酸脂肪酸甘油酯、羟丙基淀粉、乳酸脂肪酸甘油酯、双乙酰酒石酸单双甘油酯、辛烯基琥珀酸淀粉钠、乙酰化单/双甘油脂肪酸酯。

第 12 类 增味剂：5′-呈味核苷酸二钠、5′-肌苷酸二钠、5′-鸟苷酸二钠、谷氨酸钠。

第 13 类 面粉处理剂：碳酸钙（包括轻质和重质碳酸钙）。

第 15 类 水分保持剂：甘油、乳酸钾、乳酸钠。

第 18 类 稳定剂和凝固剂：柠檬酸钠、葡萄糖酸-δ-内酯、羟丙基淀粉、乳酸钠、碳酸氢钠、微晶纤维素。

第 19 类　甜味剂：N-［N-（3，3-二甲基丁基）］-L-α-天门冬氨-L-苯丙氨酸 1-甲酯（纽甜）、赤藓糖醇、罗汉果甜苷、木糖醇、乳糖醇（4-β-D 吡喃半乳糖-D-山梨醇）、天门冬酰苯丙氨酸甲酯（阿斯巴甜）。

第 20 类　增稠剂：β-环状糊精、阿拉伯胶、醋酸酯淀粉、瓜尔胶、果胶、海藻酸钾、海藻酸钠、槐豆胶（刺槐豆胶）、黄原胶（汉生胶）、甲基纤维素、结冷胶、聚丙烯酸钠、卡拉胶、磷酸酯双淀粉、明胶、羟丙基淀粉、羟丙基二淀粉磷酸酯、羟丙基甲基纤维素（HPMC）、琼脂、乳酸钠、酸处理淀粉、羧甲基纤维素钠、微晶纤维素、氧化淀粉、氧化羟丙基淀粉、乙酰化二淀粉磷酸酯、乙酰化双淀粉己二酸酯。

第 23 类　其他：半乳甘露聚糖、氯化钾。

以上总共 75 种食品添加剂，有的可作为几类使用，如羟丙基淀粉可作为增稠剂、膨松剂、乳化剂或稳定剂。这 75 种分属于 13 类食品添加剂，防腐剂类、被膜剂类、护色剂类、胶基糖果中基础剂物质类、漂白剂类和消泡剂类没有按生产需要适量使用的品种。这 75 种不允许在下述"不能按生产需要适量使用食品添加剂的食品品种"食品中按生产需要适量使用。

③关于 GB 2760 表 A.3 的使用说明。GB 2760 表 A.3 给出了按生产需要适量使用的食品添加剂所例外的食品类别名单。这类食品是社会关注程度较高的食品，具体品种为：巴氏杀菌乳、灭菌乳、发酵乳、奶粉和奶油粉、稀奶油、基本不含水的脂肪和油、黄油和浓缩黄油、新鲜水果、新鲜蔬菜、冷冻蔬菜、发酵蔬菜制品、新鲜食用菌和藻类、冷冻食用菌和藻类、原粮、大米及其制品、小麦粉、生湿面制品（面条、饺子皮、馄饨皮、烧麦皮）、生干面制品（挂面）、杂粮粉、生鲜肉、鲜水产、预制水产品（半成品）、鲜蛋、脱水蛋制品（如蛋白粉、蛋黄粉、蛋白片）、蛋液与液态蛋、白糖及白糖制品（如白砂糖、绵白糖、冰糖、方糖等）、其他糖和糖浆（如红糖、赤砂糖、冰片糖、原糖、果糖、糖蜜、部分转化糖、槭树糖浆等）、蜂蜜、盐及代盐制品、香辛料类、婴幼儿配方食品、婴幼儿辅助食品、饮用天然矿泉水、饮用纯净水、其他饮用水、果蔬汁（浆）、浓缩果蔬汁（浆）、葡萄酒、茶叶、咖啡，总共 39 类。

④查找食品添加剂的使用范围和使用量的方法。查找一种食品添加剂的使用范围和使用量，需要综合查看 GB 2760 表 A.1 和 GB 2760 表 A.2，可能出现以下 4 种情况：一是只在 GB 2760 表 A.1 中；二是只在 GB 2760 表 A.2 中；三是既在 GB 2760 表 A.1 中，又在 GB 2760 表 A.2 中；四是既不在 GB 2760 表 A.1 中，又不在 GB 2760 表 A.2 中。

具体查询流程见图 2－2。

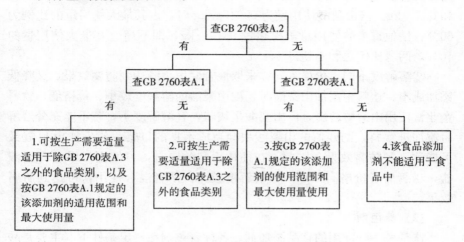

图 2－2 查找 GB 2760 附录 A 表格的方法

## 2.6.3 同一功能食品添加剂使用规定

【标准原文】

5.3 同一功能食品添加剂（相同色泽着色剂、甜味剂、防腐剂或抗氧化剂）混合使用时，各自用量占其最大使用量的比例之和不应超过 1。

【内容解读】

同一功能的各种食品添加剂，虽有相同的功能，但有不同的特性，在一个食品中混合使用，可发挥各自的作用，达到满意的效果。因此。食品中可出现两种或两种以上的同一功能食品添加剂。出现频次较高的食品添加剂功能有 4 种，即相同色泽着色剂、甜味剂、防腐剂或抗氧化剂。为了达到食品中食品添加剂的总量控制，要求每种食品添加剂的用量占其最大使用量的比例之和不应超过 1。分述如下：

**（1）防腐剂**

这是食品中常用的食品添加剂，防止微生物繁衍，而每种防腐剂的使用有一定局限性，其原因主要有以下几条：

①对微生物的抑制不是广谱的，只能对部分微生物有抑制作用。例如，酱肉防腐时，防腐剂中的山梨酸能抑制细菌，但对真菌几乎无作用；而纳他霉素能抑制真菌，对细菌几乎无作用。若要同时抑制细菌和真菌，

则需混合使用山梨酸和纳他霉素，它们的最大使用量分别为 0.075g/kg 和 0.3g/kg。当山梨酸使用量为 0.045g/kg 时，占其最大使用量的比例为 60％；纳他霉素的使用量不得超过 0.12g/kg，即不超过其最大使用量的 40％，两者比例之和不超过 1。

②溶解度不同，价格不同，采取混合使用，既达到防腐效果，又降低添加成本。饮料中添加山梨酸时，因山梨酸的溶解度较小、价格低，饮料企业常使用山梨酸防腐，但山梨酸呈块状，且溶解度小，若不能充分溶解后添加进饮料，则残留的山梨酸块会造成不良的口感。若少加山梨酸又可能达不到防腐效果。因此，在使用山梨酸同时，可使用二甲基二碳酸盐，尽管后者价格高一点，但溶解度较大。两者混合使用，可达到防腐效果。

**（2）着色剂**

这是另一种常用的食品添加剂。各种着色剂在一定条件下（主要是酸碱度）具有固定的颜色。尽管着色剂品种很多，其色泽也多样，但食品所需的颜色更为多样。因此。着色剂往往混合使用，配制出预想的色泽。以黄至红的各种过渡色为例，欲得到浅黄色，使用柠檬黄；欲得到红黄色（以黄色为基色，稍带红色），使用日落黄；欲得到红色，使用苋菜红。如果欲得到黄红色（以红色为基色，稍带黄色），则可将日落黄和苋菜红混合使用。使用量占其最大使用量的比例之和不超过 1。

**（3）甜味剂**

甜味剂有两个重要的特性。一个是甜度，即相同质量的甜味剂和蔗糖比较，即质量相同时甜味剂的口感甜的程度是蔗糖的倍数。其比较的前提是两者的纯度一样，基本上是 100％，不含杂质。例如，天门冬酰苯丙氨酸甲酯（又称阿斯巴甜）的甜度可达到蔗糖的 200 倍，因此使用它时，使用量只需蔗糖的 1/200，就可达到使用蔗糖的甜度要求。另一个特性是口感，有的甜味剂尽管甜度高，但口感不好，不如蔗糖。因此，在使用甜味剂时往往将两种，甚至两种以上的甜味剂混合使用，既达到一定甜度，又得到良好口感。使用量占其最大使用量的比例之和不超过 1。

**（4）抗氧化剂**

食品氧化的结果，轻则褐变，颜色变深，造成不良感官；重则腐败变质。因此，抗氧化剂往往具有防腐作用，也可作为防腐剂。抗氧化剂主要用于油脂食品，常用的抗氧化剂有 4 种，即丁基羟基茴香醚（BHA）、二丁基羟基甲苯（BHT）、特丁基对苯二酚（TBHQ）和没食子酸丙酯（PG），它们在食用油中的最大使用量分别为 0.2g/kg，0.2g/kg，

0.2g/kg，0.1g/kg。当两种或两种以上使用时，会产生增效作用，比单独使用一种有更好的抗氧化作用。例如混合使用 0.1g/kgBHA 和 0.1g/kgBHT，它们各占其最大使用量的 50%，比例之和没超过 1，但抗氧化效果比单独使用 0.2g/kgBHA 或 0.2g/kgBHT 效果好得多。因为 BHA 和 BHT 是在油脂氧化过程的不同环节起作用，它们各自在不同环节阻止油脂氧化，使氧化的诱导期延长，在保质期内起到抗氧化作用。由于这种增效作用，油脂工业往往混合使用抗氧化剂，且因 BHT 比 BHA 价格更便宜，前者使用的比例更高一点，如可将 0.15g/kg BHT 和 0.05g/kg BHA 混合使用。

### 2.6.4　复配食品添加剂使用规定

【标准原文】

5.4　复配食品添加剂的使用应符合 GB 26687 的规定。

【内容解读】

《食品安全国家标准　复配食品添加剂通则》（GB 26687—2011）中规定了复配食品添加剂的基本要求和使用规定，包括以下内容：

（1）复配食品添加剂不应对人体产生任何健康危害。

（2）复配食品添加剂在达到预期的效果下，应尽可能降低在食品中的用量。

（3）用于生产复配食品添加剂的各种食品添加剂，应符合 GB 2760 和卫生部公告的规定，具有共同的使用范围。

（4）用于生产复配食品添加剂的各种食品添加剂和辅料，其质量规格应符合相应的食品安全国家标准或相关标准。

（5）复配食品添加剂在生产过程中不应发生化学反应，不应产生新的化合物。

（6）复配食品添加剂的生产企业应按照国家标准和相关标准组织生产，制定复配食品添加剂的生产管理制度，明确规定各种食品添加剂的含量和检验方法。

【实际操作】

（1）复配食品添加剂

为了改善食品品质、便于食品加工，将两种或两种以上单一品种的食品添加剂，添加或不添加辅料，经物理方法混匀而成的食品添加剂。

①制作复配食品添加剂的目的有两个：

1）改善食品品质：以生产果酱为例，若要配制黄红色，即以红色为基色，带有一点黄色，则可以用胭脂红与日落黄按一定质量比复配，得到预想的黄红色。对于食品生产企业来说，每批次产品的色泽应该一致。因此，在控制鲜果成熟度的条件下，采用复配着色剂要比分别添加胭脂红与日落黄，能取得更佳的、稳定的预想色泽。

2）便于食品加工：食品加工时尽量减少投料次数，投料次数多会增加投料之间时间差造成的混合不均匀，影响产品质量。而在投料前进行预混，是食品加工中保证原料均匀的积极措施。例如，生产婴儿配方奶粉时，在牛奶浓缩前将复合维生素和复合微量元素投入，而不是将几十种营养成分分别投入。在使用食品添加剂时也如此，将两种或两种以上的食品添加剂预混成复配食品添加剂，然后添加时一次投入。

②制作复配食品添加剂的方法是物理方法混匀。以两种食品添加剂物理混合为例，混合的均匀程度主要取决于以下因素：

1）两者表面物理性质的差异程度：表面物理性质包括形状（粒状、柱状、片状，而不再细分为圆球状、椭球状、方粒状、圆柱状、方柱状、长片状、圆片状等）、光滑程度、黏性等。当两者的表面物理性质相近，则混合均匀程度高；反之则低。

2）两者粒度差异程度：两者粒度差异小，则混合均匀程度高；反之则低。

3）两者质量差异程度：两者配比的质量相近，则混合均匀程度高；反之则低。

4）混合搅拌的条件：包括以下几点：

搅拌的分级：搅拌可以不分级，即将预混的料一次投放进混缸，混合一定时间后取出。也可以分级混合，即在混缸中放入一种食品添加剂，另一种分几次投入，每次投入后混合一定时间，达均匀。然后再投入，混匀。直至投完为止，混匀即可。分级搅拌的效果比不分级搅拌好，均匀程度高。

搅拌的方向：多方向搅拌的效果比单方向搅拌好，均匀程度高。有的混缸设备采用颠摇结合的方式。

搅拌速度：速度适当。过小不能充分混合，过大会产生太大离心力，使两者因比重不同而分离，不能有效混合。

**（2）辅料**

为复配食品添加剂的加工、储存、溶解等工艺目的而添加的食品原料。

使用辅料的目的是便于复配食品添加剂的加工、储存、溶解等生产工艺。复配食品添加剂的加工即物理混合，当食品添加剂表面黏度大或有一定静电时，可以加入辅料，促进混合均匀。加入防潮的辅料是为了便于储存，延长保质期；加入乳化的辅料是为了便于溶解，使用时达到均匀的效果。

**（3）感官要求**

单体食品添加剂应符合相应的国家标准要求。复配后的感官要求为：不应有异味、异臭，不应有腐败及霉变现象，不应有视力可见的外来杂质。这要求复配后的储存应科学，不发生变质异味、异臭、腐败和霉变，以及从环境进入的杂质。

**（4）有害物质要求**

①根据复配的食品添加剂单一品种和辅料的食品安全国家标准或相关标准中对铅、砷等有害物质的要求，按照加权计算的方法由生产企业制定有害物质的限量并进行控制。终产品中相应有害物质不得超过限量。例如：某复配食品添加剂由 A、B 和 C 3 种食品添加剂单一品种复配而成，若该复配食品添加剂的铅限量值为 $d$，数值以毫克每千克（mg/kg）表示，按以下公式计算：

$$d = a \times a_1 + b \times b_1 + c \times c_1$$

式中：

$a$——A 的食品安全国家标准中铅限量，单位为毫克每千克（mg/kg）；

$b$——B 的食品安全国家标准中铅限量，单位为毫克每千克（mg/kg）；

$c$——C 的食品安全国家标准中铅限量，单位为毫克每千克（mg/kg）；

$a_1$——A 在复配产品中所占比例，单位为百分率（%）；

$b_1$——B 在复配产品中所占比例，单位为百分率（%）；

$c_1$——C 在复配产品中所占比例，单位为百分率（%）。

其中，$a_1 + b_1 + c_1 = 100\%$。

②若参与复配的各单一品种标准中铅、砷等指标不统一，无法采用加权计算的方法制定有害物质限量值，则要求总砷（以 As 计）和铅（以 Pb 计）的限量均为 2.0 mg/kg。

**（5）微生物要求**

根据所有复配的食品添加剂单一品种和辅料的食品安全国家标准或相关标准，对相应的致病微生物进行控制，并在终产品中不得检出。

**（6）标签**

复配食品添加剂产品的标签、说明书应当符合以下要求。

①标明下列事项：

1）产品名称、商品名、规格、净含量、生产日期。

2）各单一食品添加剂的通用名称、辅料的名称，进入市场销售和餐饮环节使用的复配食品添加剂还应标明各单一食品添加剂品种的含量。

3）生产者的名称、地址、联系方式。

4）保质期。

5）产品标准代号。

6）储存条件。

7）生产许可证编号。

8）使用范围、用量、使用方法。

9）标签上载明"食品添加剂"字样，进入市场销售和餐饮环节使用复配食品添加剂应标明"零售"字样。

10）法律、法规要求应标注的其他内容。

②进口复配食品添加剂应有中文标签、说明书，除标识上述内容外还应载明原产地以及境内代理商的名称、地址、联系方式。生产者的名称、地址、联系方式可以使用外文，可以豁免标识产品标准代号和生产许可证编号。

③复配食品添加剂的标签、说明书应当清晰、明显，容易辨识，不得含有虚假、夸大内容，不得涉及疾病预防、治疗功能。

### 2.6.5　营养强化剂使用规定*

【标准原文】

使用的食品添加剂应符合 GB 2760 规定的品种及其适用食品名称、最大使用量和备注（NY/T 392—2013 中的 5.2）。

【内容解读】

营养强化剂是食品添加剂之一，在绿色食品中也有使用。营养强化剂的使用规定执行《食品安全国家标准　食品营养强化剂使用标准》（GB 14880—2012）。

（1）营养强化剂在食品中的使用范围、使用量、允许使用的化合物来源应符合该标准的规定。

---

　　* 为了便于操作，将 2.6.5～2.6.7 的标准原文进行了拆分解读，特此说明。——编者注

（2）特殊膳食用食品中营养素及其他营养成分的含量按相应的食品安全国家标准执行，允许使用的营养强化剂及化合物来源应符合该标准附录和（或）相应产品标准的要求。

## 【实际操作】

**（1）营养强化剂**

为了增加食品的营养成分（价值）而加入到食品中的天然或人工合成的营养素和其他营养成分。食品的营养价值主要由两部分组成，即营养成分和可吸收程度。后者与营养成分在食品中存在的状态有关，单体状态容易吸收，结合状态不容易吸收。例如，生乳经杀灭菌制成乳制品，才可食用。杀灭菌程度取决于杀灭菌强度，即杀灭菌温度与其维持时间的结合。当生产巴氏杀菌乳时采取巴氏杀菌（长时间低温巴氏杀菌为 63℃ 30min，短时高温杀菌为 72℃ 15s），杀灭菌强度较小；生产超高温灭菌乳时采取超高温灭菌，为 134℃ 2s，杀灭菌强度较大；生产奶粉时采取高温喷粉，为 142℃ 开始，逐渐降至 40℃，历时约 10min，杀灭菌强度最大。在加热杀灭菌过程中，牛奶中的蛋白质和乳糖发生结合反应，称为曼拉特反应。随着加热强度的增大，曼拉特反应产物增多，蛋白质和乳糖的结合程度加剧。食用乳制品时，人体单独吸收蛋白质、乳糖比较容易；而吸收蛋白质和乳糖的结合物就不容易。这对于老人、病人及体弱者，尤其是婴幼儿更为明显。因此，尽管巴氏杀菌乳、超高温灭菌乳、全脂奶粉经 7.5 倍水冲泡成的复原乳，三者中脂肪、蛋白质含量一样，但可吸收程度逐渐下降。牛奶中巴氏杀菌乳的营养价值比超高温灭菌乳高，而两者的营养价值又比奶粉高。

**（2）营养素**

食物中具有特定生理作用，能维持机体生长、发育、活动、繁殖以及正常代谢所需的物质，包括蛋白质、脂肪、碳水化合物、矿物质和维生素等。这 5 种物质是人们容易理解的营养素。每一种又可细分为若干具有不同生理作用的品种，重要的有以下几种：

①蛋白质是组成生命的基本成分。食品中富含蛋白质，供给人体获得能量，促进人体生长发育。蛋白质中有两种特殊功能的品种，一种是酶，即具有催化活性的蛋白质，是人体内生化反应的催化剂，动植物中的酶被食用后，有的尚能对人体生化反应起到催化作用，如牛奶中的消化酶；另一是免疫蛋白质，它具有抑制细菌的作用，是源自食品的免疫物质，如牛奶中免疫白蛋白、免疫球蛋白、氧化酶蛋白、乳铁蛋白等。

②脂肪是维持生命活动的重要成分。食品中的脂肪有液态脂肪、固态脂肪。一般来说，前者易吸收，提供热量；后者不易吸收，可附着于消化道内壁，防止溃疡。有饱和脂肪（酸）、不饱和脂肪（酸），后者可吸收体内游离氧，防止组织过早老化。脂肪的生理功能多样，其中有一种特殊的脂肪，即卵磷脂，是脑组织发育的必需物质，对老人和婴幼儿尤为重要。卵磷脂主要富含于蛋黄中。但脂肪中也有一些尽量少摄的品种，主要是胆固醇。正常摄入有利于生理健康，而过量摄入则引起血管内壁富集，致使高血压等一系列疾病。富含胆固醇的食品是动物脂肪、内脏及蛋黄。

③碳水化合物是人体的重要能源。包含众多品种，即葡萄糖、果糖等单糖；蔗糖和乳糖（动物乳汁中）等双糖；葡聚糖、淀粉等多糖以及各种纤维素。人体吸收单糖最容易，吸收多糖不易。对碳水化合物代谢功能不强的人群，如糖尿病患者，不宜过量食用碳水化合物，或尽量少食用。可食用无糖食品，即合法使用的甜味剂代替蔗糖的食品。

④矿物质的生理作用。主要有两类：一类是钾、钠、钙、镁等常量元素，是维持血压、正常盐分和骨骼的重要成分；另一类是微量元素，包括铁、锌、铜、硒等，它们是人体酶的成分，缺乏这些微量元素，酶的生成受影响，造成体内生化反应不畅，引起一系列代谢性疾病。

⑤维生素是维持生理活动的重要成分。包括维生素 A、维生素 C、维生素 D、维生素 E、维生素 K、维生素 H 和 B 族维生素等，而 B 族维生素还可分为维生素 $B_1$、维生素 $B_2$、维生素 $B_6$、维生素 $B_{12}$ 等。缺乏这些维生素会引起各种疾病。维生素以不同的含量富含于各种动物和植物性食品中。

**（3）其他营养成分**

除营养素以外的具有营养和（或）生理功能的其他食物成分。除以上 5 种营养素外，主要有以下两类：

①纤维素。食品中的纤维素有两类：一类是不溶性纤维素，如蔬菜的根、茎、叶中的木质素，它可通便，预防便秘及肠癌；另一类是可溶性纤维素，主要分布在植物细胞的细胞质中，如水果中的果汁、果胶，它可被消化液分解，而被人体吸收，同时也具有通便作用。

②水。它是维持人体生命最重要的物质，几乎所有体内的生化反应均需有水分参加，作为介质或反应物。无论植物性食品还是动物性食品，均富含水分。

**（4）特殊膳食用食品**

为满足特殊的身体或生理状况和（或）满足疾病、紊乱等状态下的特殊膳食需求，专门加工或配方的食品。这类食品的营养素和（或）其他营养成分的含量与可类比的普通食品有显著不同。特殊膳食用食品主要有以下两大类：

①婴幼儿配方食品。可分为两类：一类是婴儿配方食品，以其主原料不同分为豆基婴儿配方食品（以大豆及大豆蛋白制品为主原料）、乳基婴儿配方食品（以乳类及乳蛋白制品为主原料）。这类食品中除添加所需的维生素和微量元素外，要求原料和食品添加剂中不含谷蛋白，不使用氢化油脂和经辐照处理的原料。另一类是较大婴儿和幼儿配方食品，适用于6个月至3岁的婴幼儿。这类食品除添加所需的维生素和微量元素外，要求不使用氢化油脂和经辐照处理的原料。这两类婴幼儿配方食品所添加的营养素都是婴幼儿发育所必需的成分。

②特殊医学用食品。根据该人群的医学需要生产的食品。例如，适用于糖尿病人的无糖食品，为产生甜味，可在该食品中添加不参与糖代谢的各种甜味剂。另外，还有补钙食品、补锌食品等。

**（5）营养强化的主要目的**

食品的营养强化是通过营养素的补充，在食品中选择性地加入一种或者多种微量营养素或其他营养物质，弥补食品在正常加工、储存时造成的营养素损失，满足不同地区、不同人群的营养需要。食品的营养强化不需要改变人们的饮食习惯，且在短时间内，经济、便捷地增加对某些营养素的摄入量，从而达到预防微量营养素缺乏的目的。营养强化的方式已在世界各国普遍实施，我国自1994年实施以来，取得了良好效果。营养强化的目的分述如下：

①弥补食品在正常加工、储存时造成的营养素损失。食品加工过程经历不同的物理、化学反应，会造成某些营养素的损失，而这些营养素正是消费者所需，因此需要营养强化。如果这些损失不是消费者所需，也就不必营养强化。被营养强化的食品往往是特殊的消费群体。例如，牛奶或奶粉在加工过程中经过高温杀灭菌后，维生素发生分解，尤其是维生素 A、维生素 C 和维生素 E。而维生素 $B_1$ 和维生素 $B_2$ 在加工或储存时见光会发生分解。以上这些维生素的分解均在一定条件下以不同速率进行。生产和储存条件好的，分解少一点；生产和储存条件差的，分解多一点。这种损失对于一般人群关系不大，无需营养强化。但对于婴儿来说，牛奶或奶粉是非母乳喂养婴儿的唯一食品，就不得不将损失的营养素补充进去。

②在一定的地域范围内，有相当规模的人群出现某些营养素摄入水平低或缺乏，通过强化可以改善其摄入水平低或缺乏导致的健康影响。明显

的事例是加碘食盐，我国中西部内陆地区普遍缺碘，容易引起甲状腺疾病。食品中强化碘成为中西部地区的必要任务，而最易强化碘的食品是食盐，工艺方便，且添加量适当。因此，合理地强化营养素对于地方病的防治具有积极作用。

③某些人群由于饮食习惯和（或）其他原因可能出现某些营养素摄入量水平低或缺乏，通过强化可以改善其摄入水平低或缺乏导致的健康影响。这一点主要针对偏食者，科学的饮食习惯应既满足口感和食欲，又符合生理需要。一味地追求口感和食欲，不顾生理需要，势必造成偏食，有损健康。例如，某些人群不喜爱吃鱼，而鱼中含有丰富的维生素 A 和维生素 D。因此，在粮食加工品，如在燕麦片中强化维生素 A 和维生素 D。

④补充和调整特殊膳食用食品中营养素和（或）其他营养成分的含量。婴儿配方奶粉中除了加工和储存过程会损失的营养素进行强化外，按照中国婴儿的健康调查，应强化牛奶中含量少而婴儿所需要的其他营养素，以达到婴儿所需的全部营养素。这样，在我国婴儿配方奶粉中强化了数十种营养素。

**(6) 可强化食品类别的选择要求**

①应选择目标人群普遍消费且容易获得的食品进行强化。普遍消费即常见的加工食品，这些加工食品具有脂肪、蛋白质和碳水化合物，但缺乏维生素和微量元素。由于食品中普遍含有脂肪、蛋白质和碳水化合物，当某种加工食品缺乏这些营养素时，人们可以从其他食品中摄取；而维生素和微量元素不是普遍存在于各种食品中，即使有一些，也是不全的，不是人体所需的全部。因此，维生素、微量元素以及其他对人体有特殊功能的营养素需要强化。而强化的食品应该是普遍消费的，这样便于人体在食用普遍消费食品时就获得强化，获得人体所需的补充。

②作为强化载体的食品消费量应相对比较稳定。其便于消费者获得强化，既然这些食品是普遍消费的，那就应该保持消费量的稳定；否则，过一时期就变成非普遍消费。

③我国居民膳食指南中提倡减少食用的食品不宜作为强化的载体。

④食品类别（名称）说明。食品类别（名称）说明用于界定营养强化剂的使用范围，只适用于本标准。如允许某一营养强化剂应用于某一食品类别（名称）时，则允许其应用于该类别下的所有类别食品，另有规定的除外。

**(7) 营养强化剂质量标准**

按照本标准使用的营养强化剂化合物来源应符合相应的质量规格

要求。

**(8) 使用营养强化剂的要求**

总体来说，使用营养强化剂的要求包括营养强化剂的允许使用品种、使用范围、使用量、可使用的营养素化合物来源等。按照《食品安全国家标准　食品营养强化剂使用标准》（GB 14880—2012）达到所规定的这些要求时，还必须注意以下几点：

①营养强化剂的使用不应导致人群食用后营养素及其他营养成分摄入过量或不均衡，不应导致任何营养素及其他营养成分的代谢异常。任何营养素的摄入应适量，即人体所能接受的量。摄入量过少，需要在食品中强化；摄入量过多，会引起疾病。例如，维生素过多摄入，会发生维生素中毒；微量元素摄入过多，会引起中毒、消化道结石等代谢病。因此，消费者选择营养强化的食品时，应根据医生意见或本人体质，谨慎购买和食用。

②营养强化剂的使用不应鼓励和引导与国家营养政策相悖的食品消费模式。也就是说，营养强化剂的使用应符合国家营养政策的要求。例如，国家营养政策要求补碘，则碘可作为营养强化剂用于食盐中。

③添加到食品中的营养强化剂应能在特定的储存、运输和食用条件下保持质量的稳定。一种营养素可由几种营养强化剂提供，除了纯度有一定要求外，还要求化学性质稳定，不会在储存、运输的不同温度条件下、食用时开水冲泡等条件下发生化学性质变化或溶解度的明显变化。例如，强化营养素钙时，可以用氧化钙、氯化钙、硫酸钙、碳酸钙和磷酸氢钙等无机钙，也可以用乳酸钙、柠檬酸钙、葡萄糖酸钙和甘氨酸钙等有机钙。它们在各类被添加的食品中都很稳定。

对于维生素类营养素，相对于微量元素来说，比较容易发生化学性质变化，以至于影响营养素功能。因此，营养强化剂挑选化学性质稳定的化合物。例如，维生素 A 的营养强化剂选用醋酸维生素 A 和棕榈酸维生素 A。

④添加到食品中的营养强化剂不应导致食品一般特性（如色泽、滋味、气味、烹调特性等）发生明显不良改变。国家规定的营养强化剂基本上是无色、无味，即使多种营养强化剂混合加入同一种食品中，所产生的综合性滋味和气味也是很微弱的，基本不影响食品原有的滋气味。由于营养强化剂化学性质的稳定，所以不会使食品烹调特性发生明显的不良改变。

⑤不应通过使用营养强化剂夸大食品中某一营养成分的含量或作用，

误导和欺骗消费者。

**(9) 营养强化剂的使用量**

指化合物来源中有效成分的使用量，因此需要通过折算来确定营养强化剂的使用量。例如，使用维生素 E 琥珀酸钙来强化维生素 E，需折算成维生素 E 的量来使用。以下列举了部分营养强化剂的换算系数：

例 1：维生素 A：本标准规定维生素 A 的使用量以"视黄醇当量"计，相应的维生素 A 化合物的换算系数如下：

$1\mu g$ 视黄醇当量 $=1\mu g$ 全反式视黄醇 $=1.147\mu g$ 醋酸视黄酯 $=1.832\mu g$ 棕榈酸视黄酯 $=6\mu g$ β-胡萝卜素（有些产品标准列出 β-胡萝卜素项目及其含量要求，则不需折算为维生素 A 的含量）。

例 2：维生素 E：本标准规定维生素 E 的使用量是以"d-α-生育酚"计，相应的换算系数如下：

1mg dl-α-生育酚 $=0.74$mg d-α-生育酚

1mg d-α-醋酸生育酚 $=0.91$mg d-α-生育酚

1mg dl-α-醋酸生育酚 $=0.67$mg d-α-生育酚

1mg 维生素 E 琥珀酸钙（天然型）$=0.78$mg d-α-生育酚

1mg 维生素 E 琥珀酸钙（合成型）$=0.57$mg d-α-生育酚

1mg d-α-琥珀酸生育酚 $=0.81$mg d-α-生育酚

1mg dl-α-琥珀酸生育酚 $=0.60$mg d-α-生育酚

营养强化剂的使用量是指在生产过程中允许的实际添加量。该使用量考虑到所强化食品中营养素的本底含量、人群营养状况及食物消费情况等因素，根据风险评估的基本原则而综合确定的。鉴于不同食品原料本底所含的各种营养素含量差异性较大，而且不同营养素在产品生产和货架期的衰减与损失也不尽相同，所以强化的营养素在终产品中的实际含量可能高于或低于该使用量。而营养强化剂在食品中的实际含量由食品的标签来规范。我国《食品安全国家标准 预包装食品营养标签通则》（GB 28050—2011）规定，"使用了营养强化剂的预包装食品，在营养成分表中还应标示强化后食品中该营养成分的含量值及其占营养素参考值（NRV）的百分比。"

**(10) 营养强化剂在食品标签配料表中的标示方式**

各种营养强化剂在配料表中的标示顺序应当符合《食品安全国家标准 预包装食品标签通则》（GB 7718—2011）的要求。

①营养强化剂的标示可采取以下 4 种方式中的任何一种方式。

1) 标示化合物来源名称，如醋酸视黄醇。

2）同时标示营养素名称和化合物来源名称，如维生素 A（醋酸视黄醇），括号内外的名称视为等同。

3）标示营养素名称，如维生素 A。

4）强化的维生素和矿物质分类标注。如维生素（棕榈酸视黄酯、D-泛酸钙等），矿物质（碳酸钙、氯化镁等）。

营养成分的标示（包括名称、顺序、表达单位、修约间隔、"0"界限值）和营养素的声称（包括营养声称和营养成分功能声称）应按照《食品安全国家标准　预包装食品营养标签通则》（GB 28050—2011）执行。所谓"0"界限值，是指标签上营养素含量标示为"0"的实际界限值，其单位为质量数每 100g 或 100mL。也就是说，当某营养成分含量数值≤"0"界限值时，其含量应标示为"0"。例如，蔗糖的"0"界限值为 0.5g/100g（mL），修约单位为 0.1g，表示某食品中蔗糖含量小于或等于 0.5g/100g（mL），就可称为无糖食品。又如，钙的"0"界限值为 8mg/100g（mL），修约单位为 1mg，若某食品中钙含量小于或等于 8mg/100g（mL），就表示该食品无钙。

对于部分既属于营养强化剂又属于食品添加剂的物质，如核黄素、维生素 C、维生素 E、柠檬酸钾、β-胡萝卜素、碳酸钙等，如果以营养强化为目的，其使用应符合本标准的规定。如果作为食品添加剂使用，则应符合《食品安全国家标准　食品添加剂使用标准》（GB 2760—2014）的要求。

②预包装食品营养标签标示的基本要求包括如下：

1）任何营养信息应真实、客观，不得标示虚假信息，不得夸大产品的营养作用或其他作用。

2）应使用中文。如同时使用外文标示的，其内容应当与中文相对应，外文字号不得大于中文字号。

3）营养成分表应以一个"方框表"的形式表示（特殊情况除外），方框可为任意尺寸，并与包装的基线垂直，表题为"营养成分表"。

4）食品营养成分含量应以具体数值标示，数值可通过原料计算或产品检测获得。各营养成分的营养素参考值（NRV）可见 GB 28050—2011的附录 A。

5）营养标签的格式可见 GB 28050—2011 的附录 B，食品企业可根据食品的营养特性、包装面积的大小和形状等因素选择使用其中的一种格式。

6）营养标签应标在向消费者提供的最小销售单元的包装上。

③预包装食品营养标签强制标示的内容包括如下：

1）所有预包装食品营养标签强制标示的内容包括能量、核心营养素的含量值及其占营养素参考值（NRV）的百分比。

当标示其他成分时，应采取适当形式使能量和核心营养素（即主要营养素，包括能量、蛋白质、脂肪、碳水化合物等）的标示更加醒目，以便有效预防营养素摄入不足和过量。因此，GB 14880 和 GB 28050 必须配合使用，同时执行。既有利于营养成分的合理强化，又保证了终产品中营养素含量的真实信息和消费者的知情权。这里所谓"营养素参考值（NRV）"，是专用于食品营养标签，比较食品营养成分含量的参考值。例如，蛋白质的营养素参考值（NRV）为 60g，维生素 D 为 5μg。一般情况下，食品中各种营养素的实际含量比营养素参考值（NRV）小，比例小于 100％。

2）对除能量和核心营养素外的其他营养成分进行营养声称或营养成分功能声称时，在营养成分表中还应标示出该营养成分的含量及其占营养素参考值（NRV）的百分比。

3）使用了营养强化剂的预包装食品，在营养成分表中还应标示强化后食品中该营养成分的含量值及其占营养素参考值（NRV）的百分比。例如，强化钙的食品，在营养成分表中标出食品中钙含量及其占营养素参考值（NRV，800mg）的百分比。

4）食品配料含有或生产过程中使用了氢化和（或）部分氢化油脂时，在营养成分表中还应标示出反式脂肪（酸）的含量。

5）上述未规定营养素参考值（NRV）的营养成分仅需标示含量。

④预包装食品营养标签可选择标示的内容包括如下：

1）除上述强制标示内容外，营养成分表中还可选择标示该标准中表 1 的其他成分。

2）当某营养成分含量标示值达到一定含量要求和限制性条件时，可对该成分进行含量声称。例如，奶粉中脂肪含量≤1.5％，则可声称"脱脂奶粉"；当脂肪含量≤0.5％，则可声称"无脂奶粉"。

当某营养成分含量与同类且普遍的食品比较时，含量增加或减少规定百分比时，可对该成分进行比较声称。例如，某奶粉与全脂奶粉比较，其脂肪减少 25％，则允许做出比较声称"减少脂肪"；若没达到 25％的降低，不允许随便声称"减少脂肪"。

当某营养成分同时符合含量声称和比较声称的要求时，可以同时使用两种声称方式或仅使用含量声称。含量声称具有规定的同义语。例如，

"无"或"不含"的同义语有"零（0）"、"没有"、"100％不含"、"无"、"0％"。比较声称也具有规定的同义语。例如，"增加"的同义语有"增加×％"、"增加×倍"。

3）当某营养成分的含量标示值符合含量声称或比较声称的要求和条件时，可使用规定的一条或多条营养成分功能声称标准用语。不应对功能声称用语进行任何形式的删改、添加和合并。例如，当食盐中钠含量≤120mg/100g，可称为"低钠盐"。这时，可用 3 种功能声称："钠能调节机体水分，维持酸碱平衡"、"成人每日食盐的摄入量不超过 6g"或"钠摄入过高有害健康"。

又如，当饮料中强化维生素 C，其含量为 20mg/100mL。依据国家规定，维生素 C 的营养素参考值（NRV）为 100mg，即在每 100g 中≥15％NRV，可在标签上做出含量声称"维生素 C 来源"或"含有维生素 C"，做出以下 4 种功能声称"维生素 C 有助于维持皮肤和黏膜健康"、"维生素 C 有助于维持骨骼、牙龈的健康"、"维生素 C 可以促进铁的吸收"或"维生素 C 有抗氧化作用"。

预包装食品营养标签上营养成分的表达方式：预包装食品中能量和营养成分的含量应以每 100 克（g）和（或）每 100 毫升（mL）和（或）每份食品可食部分中的具体数值来标示。当用份标示时，应标明每份食品的量。份的大小可根据食品的特点或推荐量规定。

⑤豁免强制标示营养标签的预包装食品包括如下：

1）食品营养素含量波动大的，如生鲜食品（包装的生肉、生鱼、生蔬菜和水果、禽蛋等）、现制现售食品（馒头、大饼等粮食制品，瓜子、花生等烘炒食品）。

2）包装小，不能满足营养标签内容的，如包装总表面积≤100cm² 或最大表面积≤20cm² 的预包装食品。

3）食用量小、对机体营养素的摄入贡献较小的，如乙醇含量≥0.5％的饮料酒类、包装饮用水、每日食用量≤10g 或 10mL 的。

4）其他法律法规标准规定可以不标示营养标签的预包装食品。

⑥符合以上条件的预包装食品，如果有以下情形，则应当按照营养标签标准的要求，强制标注营养标签：

1）企业自愿选择标识营养标签的。

2）标签中有任何营养信息（如"蛋白质≥3.3％"等）的。但是，相关产品标准中允许使用的工艺、分类等内容的描述，不应当作为营养信息，如脱盐乳清粉等。

3）使用了营养强化剂、氢化和（或）部分氢化植物油的。

4）标签中有营养声称或营养成分功能声称的。

豁免强制标示营养标签的预包装食品，如果在其包装上出现任何营养信息时，应按照该标准执行。

## 2.6.6　食品用香料使用规定

### 【标准原文】

使用的食品添加剂应符合 GB 2760 规定的品种及其不适用的食品名称、使用原则（NY/T 392—2013 中的 5.2）。

### 【内容解读】

食品用香料是食品添加剂之一，食品中只允许使用食品用香料，不可使用化妆品等化工香料。由于食品用香料的价格比同种的化妆品香料贵，且绝大多数香料尚无国家标准分析方法可区分食品级或化工级。因此，各食品企业应恪守行业诚信，严格遵守国家法律、法规，使用国家批准的食品用香料，严禁将廉价的化工香料用于食品。各行政监督部门应密切实施有效的监督。

绿色食品中也可使用食品用香料，其使用执行《食品安全国家标准食品添加剂使用标准》（GB 2760—2014）中附录 B 的规定。

食品用香精是由同类食品用香料配制而成，当配制的香味达到预想的目的时，就可将其添加入食品中。

### 【实际操作】

#### （1）香料

适合于人类消费的具有香气或香味的物质。这种物质的分子量较小，易挥发，分子量一般小于 300。产生香气是由人的嗅觉器官感受，产生香味是由人的味觉器官感受。这种用于人类消费的香料包括日用和食用两种。日用香料用于化妆品等化工行业，食用香料用于食品工业。

#### （2）香精

香精由一种或多种香料配制而成。食品用香精是由食品用香料配制而成，配制后添加入食品中使用。使用一种香料配制成香精时，多数使用天然食品用香料，如丁香叶油、玫瑰花油等；而使用多种香料配制成香精时，多数使用合成食品用香料，由香精生产企业按一定比例配制而成，达到预想的香味，如橘子香精、草莓香精等。

**（3）食品用香料**

用于配制食品用香精的香料。这类香料在 GB/T 2760—2014 的规定中分为两大类，即食品用天然香料和食品用合成香料。食品用香料分为天然食品用香料、天然等同食品用香料和人造食品用香料。其中天然食品用香料相当于 GB 2760—2014 规定中的食品用天然香料；而天然等同食品用香料和人造食品用香料两者相当于 GB 2760—2014 规定中的食品用合成香料。这种 3 类划分的方法是依据国际上 3 个组织的统一划分，即食品添加剂和污染物法规委员会（CCFAC，Codex Committee on Food Additives and Contaminants）、国际香料工业组织（IOFI，International Organization of the Flavor Industry）、欧洲理事会（COE，Council of Europe）。这种分类是出于香料的来源及制造工艺。而 GB 2760—2014 叙述的两类划分是将以上 3 类合并成 2 类，这种分类是出于香料使用的方便。

食品用香料的作用众多，可归纳为以下几点：

使原来没有香气、香味的食品产生香气、香味，增加对食品的良好感觉，增加食欲。例如，腐乳中加入香料会产生玫瑰香气。

恢复食品因加工失去的香气、香味。例如，生产果汁饮料需经过破碎、打浆、挤汁、加热等工艺，失去部分甚至全部果香。加入香料，可恢复原有香气、香味。

可抑制食品中原有的不良气味和味道。例如，加工羊肉等动物性食品会有一些不良气味和味道，加入香料可以抑制其不良气味和味道。

具有对食品有益的其他作用。除了产生香气、香味外，有些香料还具有其他有益作用。例如，肉豆蔻油对金黄色葡萄球菌、大肠杆菌有抑制作用，具有一定的防腐作用。

①天然食品用香料（食品用天然香料）。用适当的物理法、微生物法或酶法，从食品或动植物原料（未经加工或经过食品加工）中制备的，化学结构明确的香料。

在我国允许使用的天然食品用香料中，主要有以下几种不同用途的剂型：

油剂：如罗勒油、白兰花油、留兰香油等，这些香料是用油脂将食品或动植物原料中的脂溶性含香成分，用物理萃取方法提取出来的。这种油剂的香料具脂溶性，用于各种含脂食品中，如冰淇淋、香肠等。

酊剂：食用酒精将食品或动植物原料中的醇溶性含香成分，用物理萃取方法提取出来的，如丁香花蕾酊、小茴香酊、山楂酊等。这种酊剂的香料具水溶性，用于各种以水为主的液态食品中，如各种酒、饮料等。

浸膏剂：可采用物理法、微生物法或酶法从食品或动植物原料中制备。这种浸膏剂的香料具水溶性，用于各种以水为主的液态食品中，如腐乳等。

其他剂型：姜黄油树脂、辣椒油树脂和黄油蒸馏物等。

②天然等同食品用香料。化学合成的或用化学工艺从天然芳香原料中分离出的香料。这类香料的化学结构与天然食品用香料完全一样，只是制备方法不一样。本类是化学合成的，或者从天然芳香原料中分离出的。本类用化学法，而天然食品用香料用物理法、微生物法或酶法。正因为制备工艺是化学合成或化学分离，因此在《食品安全国家标准　食品添加剂使用标准》（GB/T 2760—2014）的规定中归为合成食品用香料。从化学结构来看，这类香料主要有以下几种：

醇类：如丙三醇、丁醇、异戊醇等低级醇，小茴香醇、叶醇、苏合香醇等高级醇。

多糖类：如 d-木糖、d-核糖、l-鼠李糖、6-脱氧-l-甘露糖等。

醚类：如对-甲基大茴香醚、甲基异丁香醚、香兰基乙醚等。

苯酚类：如丁香酚、对甲酚、百里香酚、麦芽酚等。

醛类：如乙醛、丙醛、丁醛、2-甲基丁醛等低级醛，月桂醛、大茴香醛、香兰素甲醛、紫苏醛等高级醛。

酮类：如甲乙酮、丁酮、2-庚酮等低级酮，l-香芹酮、茉莉酮、紫苏兰酮、薄荷酮等高级酮。

有机酸类：如乙酸、丙酸、丁酸等低级酸，月桂酸、肉豆蔻酸、安息香酸、柠檬酸等高级酸。

酯类：如甲酸乙酯、乙酸乙酯、丙酸香叶酯、月桂酸乙酯等。

其他：如 2-乙基呋喃、2-戊基吡啶等。

③人造食品用香料。从人类消费以外的天然物质中鉴定出的香味物质。这类香料经 JECFA 等国际组织风险评估，可以用作香料，在化学结构上也如同天然等同食品用香料，分为醇类、醚类、酮类等。如杨梅醛具有杨梅香味，可用于杨梅制品中。从其品名来看，并不是从杨梅中提取，只是这种醛类化合物的香味具有类似杨梅的香味。

**（4）食品用香料的编码**

①使用编码的主要目的如下：

1）界定一种香料。尽管香料具有公认的通用名，但有时香料生产企业使用商业名。为了不造成误解，对一种香料规定一个编码。

2）确定香料的合法性。GB 2760—2014 给出的编码表明具有中国的合法性，国际上给出的编码表明该国际组织承认的合法香料。

GB 2760—2014 将食品用天然香料编码为 N，由 N001 起编，为 3 位数字；将食品用合成香料编码为 S，由 S0001 起编，因数量多，为 4 位数字。该食品用合成香料包括国际上的 2 类：天然等同食品用香料编码为 I，从 I1001 起编；人造食品用香料编码为 A，从 A3001 起编。例如，我国编为 S0001 的 1，2-丙二醇，代替原编码 I1001；我国编为 S1159 的硫代香叶醇，代替原编码 A3002。

②国际上不同组织也有自己的编码，为了对照方便，往往同时列出。国际上的编码主要有以下几种：

1）食品添加剂联合专家委员会（JECFA）：采用无英文字母的数字编码。

2）美国香味料和萃取物制造者协会（FEMA）：采用无英文字母的数字编码。

3）美国化学文摘登记号（CAS）：采用 3 组数字联体编码。

例如，1，2-丙二醇，我国编码为 S0001，JECFA 编码为 925，FE-MA 编码为 2940，CAS 编码为 57-55-6。因此，对每种香料应注意其各种编码，以便识别其通用名，确定经哪些组织确认，以判断这种香料的安全性。

**（5）食品用香料、香精的使用原则**

食品用香料、香精的使用原则如下：

①在食品中使用食品用香料、香精的目的是使食品产生、改变或提高食品的风味。食品用香料一般配制成食品用香精后用于食品加香，部分也可直接用于食品加香。食品用香料、香精不包括只产生甜味、酸味或咸味的物质，它们分别为甜味剂、酸度调节剂、食盐或增味剂。

在食品中使用食品用香料、香精之前，先有一个预想的目标，产生嗅觉上的香气、味觉上的香味。为了满足消费者感官需要，吸引消费需求，增强食欲。这种目标是增强或模仿天然食品的芳香气味和香味，例如，果汁饮料中可使用各种水果香精；也可增强或模仿加工食品的芳香气味和香味，例如，烤肉中可使用肉香精。

这些芳香气味和香味的化学成分多样，几乎包含有机化合物中各大类化合物。从组成来看，由单体的丁二酮、异戊酸到复合物的小豆蔻油、红茶酊；从单体分子量来看，由小分子量的乙醛、乙酸到大分子量的十六醇、十六酸（棕榈酸）；从单体化学结构来看，由直链、支链的正丙醇、

2-戊酮到苯环、杂环的二苯醚、丁香酚。因此，香料是一个庞大的化合物集合。食品企业使用香料、香精时，应谨慎选择。

②食品用香料、香精按生产需要适量使用在食品中，国际标准没有规定添加量。因此，食品生产企业依据被添加食品的特点和香料、香精的特点决定添加量。

1) 添加量不足起不到应有效果，其原因主要有以下几条：

第一，食品原有滋气味较重，所添加香料、香精被原有滋气味掩盖。因此，添加量应依据食品原有滋气味强弱。例如，烤肉随着烤制温度、时间和肉质不同，原有滋气味强弱程度不同，添加香料、香精也应不同，不可毫无目的、千篇一律地添加。

第二，香料、香精的纯度不足。其产生的香气、香味较淡，有时还会夹杂杂质产生的异味。因此，香料、香精的价格差异较大。劣质香料、香精不仅需更大的添加量才能达到预想效果，而且还会产生异味的副作用。

第三，香料、香精的理化性质不适宜。该理化性质主要表现在两个方面，一是热稳定性，有些香料、香精受热后外溢，尤其是小分子量的化合物，日子久后香气、香味减弱，甚至消失；二是氧化还原电位，每种香料、香精适应于一定的氧化还原电位。当食品暴露于空气中发生氧化或者好氧菌消耗食品中的氧气，造成还原环境时，香料、香精会改变性质，以致不能产生应有浓度的滋气味。

添加量过大也起不到应有效果，许多香料、香精在适度浓度下才产生理想的滋气味。浓度过大时造成感官不良的滋气味。同时加大生产成本。

2) 添加香料、香精的方法应遵循以下四条原则：

第一，添加量适当。

第二，缓慢加入。若加入液态食品中，则应伴以有效的搅拌，使香料、香精均匀地分散在整个食品中。

第三，加入的香料、香精应尽量少接触环境，以防挥发丧失。为了维持处于食品表面的香料、香精，可使用真空包装。当包装打开时，仍能维持食品的香气和香味。

第四，加入香料、香精的工艺尽量放在整个食品加工工艺的后端，以免加工造成香气、香味的损失，尤其应避免添加后经历加热杀灭菌工艺。

总之，食品生产企业应适度使用香料、香精。因此，国家仅规定"按生产需要适量使用"。

③用于配制食品用香精的食品用香料应限定在 GB 2760—2014 规定的品种，包括食品用天然香料和食品用合成香料。

一般来说，配制前先有一个天然含香物质作为模仿对象，然后采取多种食品用香料按比例配制，配制过程中不断调香；同时可加入合香剂、修饰剂补充香味，掩盖香料中不必要的气味；还可加入定香剂、溶剂，使香精具有预想的挥发性，制成后赋予一个接近天然香气、香味的名称，如橘子香精、草莓香精等。而食品用天然香料往往单独使用，起到某种滋气味效果；也可以配制香精，混合配制成的香精应慎重考虑其综合效果。

　　1) 香精是直接加入食品的。具有调香作用的食品添加剂，用于多种加工食品。依据其理化特性，可分为以下几类：

　　第一，水溶性香精：由香料配制的香基，加入蒸馏水、乙醇等水溶性稀释剂，混匀、过滤、着色，并放置一段时间成熟，使香气、香味更圆熟。主要用于饮料、酒等液态食品。也可用于需冲稀食用的固体饮料，如果汁粉。此时，在调粉时均匀喷入，再混匀。

　　第二，脂溶性香精：由香料配制的香基，加入精炼植物油、甘油等高沸点稀释剂，混匀。这种脂溶性香精的优点是耐热性强，可用于饼干、面包等焙烤食品。由于食品加工过程中经历高温，香味有一定程度损失。因此，选用的香料应是沸点较高、挥发性较小的香料。此类香精的添加量也应做合理的调整，考虑到部分损失。

　　第三，乳化香精：由水溶性或脂溶性香料，加入蒸馏水和食品级乳化剂，如蔗糖脂肪酸酯、单硬脂酸甘油酯等，还可加入稳定剂、色素，经搅拌均匀，组成均相的乳浊液。由于油相少、水相多，这种乳浊液为水包油型，记为 O/W 型。主要用于蔬菜汁饮料和果汁饮料。不仅赋予香气和香味，还可产生类似纤维素的感官。

　　第四，粉末香精：由固体香料粉碎、混合而成，或吸附在固体粉末上，或装入胶囊制成。主要用于粉状食品，如固体饮料以及由粉状原料加工而成的各种糕点等。

　　2) 依据香精的使用功能，主要分以下几类：

　　第一，果香型香精：由几种香料与辅助剂混合组成，在形式上可以是以上几种剂型。这类香精具有某种水果香气、香味，是应用广泛的香精。不仅用于以水果为原料的食品，如果汁、果酱等；还可用于水果以外原料制成的食品，如瓜子等烘烤食品。

　　第二，肉味型香精：由几种香料配制成具有肉香的香精，用于各种肉制品、汤料以及料包。由于各种肉的自然香气、香味不同，如猪肉、羊肉、牛肉、鱼肉以及海鲜食品，都有其独特的香气、香味。因此，在配制肉味型香精时需要仔细配比各种香料，应用时也需有针对性地使用。

第三，烟熏香型香精：烟熏香是由酚类、碳水化合物组合所致。配制这类香精时，既具有烟熏香的香料，又应有特殊肉香的香料。它主要用于各种烟熏肉及其与其他食品复配成的食品，如火腿、午餐肉和腊肉等。

④具有其他食品添加剂功能的食品用香料。在食品中发挥其他食品添加剂功能时，应作为其他食品添加剂类。如苯甲酸、肉桂醛、瓜拉纳提取物、二醋酸钠、琥珀酸二钠、磷酸三钙和氨基酸等。

一般来说，多数食品添加剂都有一定的滋气味，但它们不能全部当作香料，只有不具备其他食品添加剂功能的才归为香料；而具有其他食品添加剂功能的，则归为相应的食品添加剂类。

⑤食品用香精可以含有对其生产、储存和应用等所必需的食品用香精辅料（包括食品添加剂和食品）。食品用香精辅料应符合以下要求：

1）食品用香精中允许使用的辅料应符合《食品安全国家标准　食品用香精》（GB 30616—2014）的规定。在达到预期目的前提下，尽可能减少使用品种。

2）作为辅料添加到食品用香精中的食品添加剂，不应在最终食品中发挥功能作用。在达到预期目的前提下尽可能降低在食品中的使用量。

⑥食品用香精的标签应符合《食用香精标签通用要求》（QB/T 4003—2010）的规定。标示内容有强制性标示内容，包括产品名称和剂型、配料清单（包括食品用香料和食品用香精辅料）、净含量、制造者分装者和经销者的名称和地址、日期标示和储存说明、产品标准编号、许可证号和警示语；特殊要求，如辐照；非强制性标示内容，包括批号或代号、使用范围、使用量和使用方法；选择性标示内容，如某些信息和图案。

⑦凡添加了食品用香料、香精的食品应按照《食品安全国家标准　预包装食品标签通则》（GB 7718—2011）的规定进行标示。

**（6）法律、法规或国家食品安全标准有明确规定者除外，以下食品不得添加食品用香料、香精**

①乳制品。巴氏杀菌乳、灭菌乳、发酵乳、奶油（包括稀奶油、奶油和无水奶油）。

②食用油。各种植物油和动物油（如猪油和鱼油等）。

③新鲜水果。

④蔬菜。新鲜蔬菜（包括新鲜食用菌和藻类）、冷冻蔬菜（包括冷冻食用菌和藻类）。

⑤粮食。原粮、大米、小麦粉、杂粮粉和食用淀粉。

⑥生、鲜肉。

⑦鲜蛋。

⑧蜂蜜。

⑨食糖。

⑩盐及代盐制品。

⑪饮用水（包括天然矿泉水、纯净水等）。

⑫婴幼儿配方食品。较大婴儿（6 个月以上）和幼儿（12～36 个月）配方食品中可以使用香兰素、乙基香兰素和香荚兰豆浸膏，最大使用量分别为 5mg/100mL、5mg/100mL 和按照生产需要适量使用。其中 100mL 以即食食品计，生产企业应按照冲调比例折算成配方食品中的使用量；婴幼儿谷类辅助食品中可以使用香兰素，最大使用量为 7mg/100g，其中 100g 以即食食品计，生产企业应按照冲调比例折算成谷类食品中的使用量；凡使用范围涵盖 0～6 个月的婴儿配方食品不得添加任何香料、香精。

**（7）酶制剂**

上述天然食品用香料可以用适当的物理法、微生物法或酶法从食品或动植物原料中制备。所谓酶法是用酶制剂在一定条件下发生酶促反应。另外，使用酶制剂不仅可生产天然食品用香料，还可以生产其他食品，在食品加工业中是必不可少的方法。例如，生产淀粉糖就使用 α-淀粉酶，将淀粉酶分解成葡萄糖和果糖。因此，酶制剂对某些食品加工行业是必不可少的。

酶是具有生物活性的蛋白质，它既有蛋白质的共性，又有其他蛋白质没有的个性，即具有催化作用。酶制剂是有机催化剂，由它参与发生的化学反应或仅改变反应物构型的结构变化，称为酶促反应。酶促反应的反应物称为底物，如上述的淀粉。

①使用酶法的优点如下：

1）在酶促反应中酶制剂不发生质量变化，生产成本低。

2）酶促反应特异性强，不会对原料中其他物质起作用，因此产品的纯度高。例如，用酸分解淀粉成单糖的葡萄糖和果糖时，还会不同程度地分解其他碳水化合物，如葡聚糖、可溶性纤维素等，使产品纯度下降，而且，酸也会混杂在产品中。

3）酶促反应的温度是常温，不许加热，比较简单，容易控制。

4）酶促反应速度快，能在很短时间内完成。

②为了使酶促反应能顺利完成，应注意以下几点：

1）依据底物的质量，配置一定量的酶制剂，使其活度能充分保证酶促反应的进行。一般使用超过理论计算的一倍活度，再由活度计算到酶制

剂的质量。

2) 控制反应的酸碱度，一般酶促反应都在 pH 为 7 左右的条件下，即中性、弱酸性或弱碱性。按照酶制剂所需的酸碱度范围调适。

3) 酶促反应的反应介质多数是水溶液，应使用纯净水，至少是干净的饮用水，防止其中有重金属，如铅、锌等，以免酶制剂失活，即所谓酶制剂中毒。

我国允许使用的酶制剂有 52 种，并规定了来源、供体。来源是指用于提取酶制剂的动物、植物或微生物；供体是指为酶制剂的生物技术来源提供基因片段的动物、植物或微生物。每种酶制剂可从来源或供体制备。例如，乳制品生产企业生产干酪需使用凝乳酶 A，这种酶规定从大肠杆菌 K-12（E. Coli K-12）这一来源中提取，或从小牛前凝乳酶 A 基因（calf prochymosin A gene）这一供体获得。有的酶制剂可以从多个来源提取，例如，α-淀粉酶可从 8 种来源之一提取。有的酶制剂只可从一种来源，且无供体提取，例如，乳制品生产企业生产低乳糖或无乳糖的牛奶，供乳糖不耐症消费者食用，在生产过程中使用 α-半乳糖苷酶，这种酶只可从黑曲霉（Aspergillus niger）提取，而且没有供体。

使用酶制剂时，应按照有关国家标准规定执行。购买酶制剂时，要注意品名（包括英文译名）、来源或供体，是否符合有关国家标准。同时，注意纯度，是否有不利于酶促反应的杂酶；注意活度，其单位为国际单位（IU），有时将单位的英文简写为 U。商品供应时可给出酶的活度，而更多的是给出单位质量酶的活度，如国际单位每毫克（IU/mg），以便用户应用。

③酶制剂的命名方法多样，应用时需详细阅读其使用说明。命名的依据可归纳为以下几种：

1) 来源，如胃蛋白酶、胰蛋白酶、木瓜蛋白酶、菠萝蛋白酶等。

2) 底物，如 α-淀粉酶、纤维素酶、脂肪酶等。

3) 产物，如 α-半乳糖苷酶等。

4) 产物和底物，如麦芽糖淀粉酶、葡糖淀粉酶等。

5) 酶促反应，如葡糖异构酶、过氧化氢酶、凝乳酶等。

## 2.6.7　食品工业用加工助剂使用规定

### 【标准原文】

使用的食品添加剂应符合 GB 2760 规定的品种、功能、使用范围和使用原则（NY/T 392—2013 中的 5.2）。

## 【内容解读】

加工助剂是常用的食品添加剂之一。它能促使加工顺利、快速完成，对某些食品加工行业是必不可少的。例如，制酒的过滤、油脂的脱色、调味品的发酵等。一般来说，加工助剂不残留在终产品中，但有时会残留一部分。因此，加工助剂应规定其功能、使用范围。并且，允许使用的加工助剂即使在终产品中残留，也应该是安全的。

## 【实际操作】

### （1）加工助剂使用原则

①加工助剂应在食品生产加工过程中使用。使用时，应具有工艺必要性，在达到预期目的的前提下应尽可能降低使用量。

所谓的工艺必要性，是指不可缺少的工艺。例如，过滤、吸附、消泡、脱色、浸取、脱模和絮凝等，这些工艺均使食品发生物理变化。使用加工助剂的目的有两点：

1）改观食品的外观、透明度、色泽、组织状态。现就上述工艺举例叙述如下：

过滤工艺：在葡萄酒、果酒、黄酒等发酵酒以及配制酒中往往含有原料中的果皮、果肉；粮食中的谷皮等固体杂质，必须将其过滤掉，使酒体澄清，在加工工艺中可使用高岭土、硅胶等。

吸附工艺：在纯净水生产中必须脱除其中的阴、阳离子，可采用阴离子交换树脂和阳离子交换树脂，加工工艺中采用阴床、阳床或混合床。阴离子交换树脂吸附阴离子，放出氢氧离子；阳离子交换树脂吸附阳离子，放出氢离子。而氢氧离子和氢离子是水的组成部分，两者的浓度分别与原有的阴、阳离子浓度相同，纯净水的酸碱度仍保持中性。

消泡工艺：在生产豆浆时，先将豆类原料加水，经胶体磨打浆、过滤，形成浆液。由于浆液中蛋白质含量较高，蛋白质的表面张力大，形成泡沫，很难消除。因此，采用消泡剂，如乳化硅油、吐温和聚二甲基硅氧烷等；也可采用加工助剂，如高碳醇脂肪酸酯复合物和矿物油等加工助剂，脱除泡沫。

脱色工艺：在油脂加工工艺中需要脱除毛油中的色素，这种色素主要包括两大类：一类是原料中的有机色素，如 α-胡萝卜素、β-胡萝卜素、棉酚色素等；另一类是无色的有机物氧化后形成的色素，如 γ-生育酚氧化形成的红色醌类。在脱色工艺中，可使用凹凸棒黏土、白油（液体石蜡）和膨润土等加工助剂，其工艺原理也是吸附，但效果是脱色。

2）提高产率。如浸取，食用油包括压榨油和浸取油两类，后者油体清澈，产率高。为此，使用6号轻汽油。浸取油的产率可达90%～99%（取决于加工助剂种类、油料品种、颗粒度、浸取温度等条件）。

3）为提高产率使后续的加工工艺能继续进行下去。现举例如下：

脱模工艺：在加工焙烤食品时，需要将烤制后的食品从模型中脱除出来，可使用耐热性强的加工助剂，如蜂蜡、石蜡和聚甘油聚亚油酸酯，脱模后可进行后续加工。

脱皮工艺：在水果、蔬菜加工果汁、果酱、沙拉等工艺中，经清洗后需要脱皮，可使用月桂酸，脱皮后可继续实施后续加工。

②加工助剂一般应在制成最终成品之前除去。无法完全除去的，应尽可能降低其残留量。其残留量不应对健康产生危害，不应在最终食品中发挥作用。

是否会残留在最终成品中，由加工工艺决定，现有以下几种情况：

1）对于液体食品采用的固体加工助剂来说，基本上不会残留在最终成品中，如脱色使用的凹凸棒黏土、膨润土等。

2）对于固体食品采用的液体加工助剂来说，可残留少许，如脱模使用的蜂蜡等。

3）对于液体食品采用的液体加工助剂来说，会发生残留。如浸取油使用的6号轻汽油，残留量需尽量降低。

③加工助剂应该符合相应的质量规格要求。我国对加工助剂有质量要求，第一，应是食品级，而非工业级；第二，部分加工助剂有具体的质量要求（有些加工助剂尚无），包括性状和技术要求。例如，脱色用的白油，其性状要求无色，半透明油状，常温时无臭无味，不溶于水和乙醇，混溶于非挥发性油（蓖麻油除外）等。其技术要求包括蒸馏温度、相对分子质量、颜色、黏度、紫外吸光度等物理性质；铅、砷及其他重金属等化学性质。部分加工助剂只有性状要求，尚无技术要求。如脱色使用的凹凸棒黏土，其性状要求为灰色、青色或鹅蛋青色，单体呈纤维状、棒状，集合体呈束状、交织状。潮湿使具黏性和可塑性，干燥后基本不收缩、不形成龟裂，浸水成粒状，具很强吸附能力和脱色能力。

**（2）加工助剂使用分类**

①可在各类食品加工过程中使用，残留量不需限定的加工助剂。这类加工助剂不限定功能、使用范围和残留量，只要符合以上3条使用原则即可。例如，活性炭可用于所需要的各个食品加工业，其功能由食品企业自

己定，可用于矿泉水、纯净水等饮用水加工中，脱除有机杂质；也可用于油脂加工中脱色等，国家对其残留量不作规定。又如氮气，可向各种袋装、瓶装、罐装等预包装食品中充氮，以防止食品氧化、变质。

②需要规定功能和使用范围的加工助剂名单。这类加工助剂限定功能、使用范围。例如，白油作为消泡剂可用于油脂工业，不能用于发酵工业；而高碳醇脂肪酸酯复合物作为消泡剂可用于发酵工业，不能用于油脂工业。至于最终成品中的残留量，目前，国家均未做出规定，只需遵循以上 3 条使用原则即可。

## 2.7 绿色食品生产中禁止使用的食品添加剂*

### 2.7.1 生产革新致使禁用的食品添加剂

【标准原文】

绿色食品不应使用赤藓红及铝色淀、二氧化钛、焦糖色（亚硫酸铵法）、焦糖色（加氨生产）、硫酸铝钾（又名钾明矾）、硫酸铝铵（又名铵明矾）（NY/T 392—2013 中表 1）。

【内容解读】

（1）根据《食品安全国家标准 食品添加剂 赤藓红》（GB 17512.1—2010）的规定，赤藓红（crythrosine）是由荧光黄经碘化制成，属于化学合成着色剂

赤藓红呈粉末状或颗粒状，红褐色。赤藓红及其铝色淀（crythrosine aluminum lake）用于装饰性果蔬、糕点；油炸坚果与籽类；肉灌肠即肉罐头；酱、酱制品、复合调味料；配制酒；果蔬汁饮料、风味饮料、碳酸饮料等饮料类；以及膨化食品等。赤藓红及其铝色淀在 CAC、欧盟、美国和日本均准许使用。绿色食品生产企业在 14 年生产实践中，不用赤藓红及其铝色淀，而用其他着色剂代替之。因此，本标准仍列为不应使用的着色剂。

（2）根据《食品安全国家标准 食品添加剂 二氧化钛》（GB 25577—2010）的规定，二氧化钛（titanium dioxide）是由钛铁矿与硫酸反应，或金红石用氯化法制成，属于化学合成着色剂。

二氧化钛呈粉状，白色。二氧化钛除广泛用于糖果外，还用于油炸坚

---

果与籽类、固体饮料、调味糖浆、蛋黄酱和沙拉酱等。二氧化钛在CAC、欧盟、美国和日本均准许使用。与上述同理，绿色食品生产企业在14年生产实践中，不用二氧化钛。因此，本标准仍列为不应使用的着色剂。

（3）根据《食品添加剂　焦糖色（亚硫酸铵法、氨法、普通法）》（GB 8817—2001）的规定，焦糖色（caramel colour）是以蔗糖、淀粉糖浆、木糖母液等为原料，采用亚硫酸铵法、氨法、普通法制成的着色剂，不属于化学合成食品添加剂。

焦糖色呈稠密液体状或粉末状，黑褐色，具焦糖色素的焦香味，无异味，稀释后澄清透明。焦糖色除用于糖果外，还广泛用于酱油、醋、酱制品等调味料；果蔬汁饮料、风味饮料、含乳饮料等饮料；葡萄酒、果酒、黄酒、啤酒、威士忌等酒类；以及即食谷物、焙烤食品等粮食加工食品等。焦糖色在CAC、欧盟、美国均准许使用。欧盟将其列为"按生产需要适量使用"（quantum satis），其ADI值为200mg/kg。日本在许可使用的着色剂中，虽没列出焦糖色，但列出准许使用非化学合成的着色剂。因此，日本允许使用焦糖色。

自《绿色食品　食品添加剂使用准则》（NY/T 392—2000）发布执行至今的14年中，各绿色食品生产企业本着"在达到预期目的前提下尽可能降低在食品中的使用量"，没有使用焦糖色，而使用其他着色剂。因此，本标准仍列为不应使用的着色剂。

（4）根据《食品添加剂　硫酸铝钾》（GB 1895—2004），硫酸铝钾是无色透明块状、粒状或晶状粉末；根据《食品安全国家标准　食品添加剂硫酸铝铵》（GB 25592—2010），硫酸铝铵是硫酸铝与硫酸铵在水中加热溶解，经过滤、浓缩、冷却结晶而成，白色或无色，块状或粉状。

两种主要用于豆类制品，如绿豆粉丝等；还用于小麦粉及其制品；水产品及其制品；焙烤、油炸、膨化食品；虾味片。硫酸铝钾和硫酸铝铵在CAC标准中不准使用（仅硫酸铝铵允许在水果蜜饯、腌菜中使用，而这允许使用的两种食品都是我国国家标准不准使用的。因此，CAC标准中硫酸铝铵不准用于我国规定的食品）。在欧盟委员会法规（EU）380/2012中，这两种膨松剂仅允许用于樱桃蜜饯，而用于樱桃蜜饯在我国国家标准中是不允许的。因此，欧盟标准中这两种膨松剂不准用于我国规定的食品。

对硫酸铝钾和硫酸铝铵应用普遍的绿色食品粉丝生产企业进行的调查，表明使用这两种膨松剂的作用是增加粉丝的白度和光洁度。经过技术的改进，采用多种淀粉混合配制等工艺，同样可达到这两目的，从而不用这两种膨松剂。

## 【实际操作】

### (1) 与国际接轨

绿色食品标准是与国际接轨的标准,制定标准时充分考虑国际科技先进组织和发达国家的标准。为此,选择 4 个组织和国家的标准。

①联合国食品法典委员会标准。CAC 标准有充分的毒理研究基础做支撑,其发布的日允许摄入量(ADI)等作为毒理评价的依据,其提出的最高残留限量(MRL)作为各国制定本国最高残留限量的重要参考数据。

②欧盟标准。欧盟国家由原有的 17 国,扩大到 28 国。为了统一欧盟的食品安全要求,在各国国家标准基础上制定共同执行的食品标准,而这共同标准是求严,不求松。这些国家中有科技相当发达的国家,如英国、德国和法国等。因此,从总体来看,欧盟的标准是最严格的标准。

③美国标准。美国标准尽管不是很严,但美国拥有全世界最先进的科研机构,有丰富的理论研究、实验资料和信息资料,尤其是提出当代尚未认识到的一些警戒论点,可作为参考。

④日本标准。日本是科技发达国家,在食品适用性上与我国较接近,消费者的饮食习惯也与我国相似,其食品标准可参考应用。

### (2) 联合国食品法典委员会 CAC 标准

CAC 标准的理论基础是 1976 年联合国粮农组织和世界卫生组织的食品添加剂联合专家委员会(JECFA)制定的日允许摄入量(acceptable daily intake,ADI),作为评价食品添加剂毒理学安全性的指标。由此,联合国确定了在良好生产规程(GMP)条件下,具一定毒性的食品添加剂在各类或各种食品中的最高残留限量(MRL)。并发布了食品添加剂摄取量简易评价指南,以便各国用以进行评价。我国饮食习惯虽与世界普遍饮食习惯有一定差异,但计算最大使用量时该误差因系数 100 或以上的引用,而可忽略之。CAC 于 2011 年修订的食品添加剂通用标准,规定只有 JECFA 注明 ADI 或依据其他标准确定为安全的,才列入该国际标准,并确定了允许使用的品种及其使用范围,这些食品添加剂是基本安全的,且适用于世界各国。

由于联合国粮农组织(FAO)和世界卫生组织(WHO)已将食品标准制定任务移交给 CAC,大批欧美专家转入 CAC 的 30 多个分会中,CAC 标准已成为联合国唯一的食品标准,其技术条件的要求及其执行难度有了明显的提高。

**（3）欧盟标准**

欧盟标准包括欧洲议会和理事会法规（EC）和欧盟委员会法规（EU）。欧洲议会和理事会法规（EC）1333/2008《食品添加剂》是欧洲最新的食品添加剂标准，其制定的理论依据仍然是联合国 JECFA 制定的 ADI 值，以及欧盟个别国家制定的补充性的 ADI 值。自发布后，欧盟委员会对其中个别食品添加剂做出修订，修订的依据是欧洲食品安全局（EFSA）制定的对于欲修订食品添加剂项目的 ADI 值和周允许摄入量（tolerable weekly intake，TWI），其单位为毫克每周每千克体重［mg/（w·kgbw）］。例如，2012 年欧盟委员会法规（EU）380/2012《对欧洲议会和理事会法规（EC）1333/2008〈食品添加剂〉中附录Ⅱ关于含铝食品添加剂使用条件和使用量的补充规定》，其中规定从 2014 年 8 月 1 日起允许使用 19 种着色剂的铝色淀，包括姜黄素、柠檬黄、喹啉黄（酸性黄）、日落黄 FCF（橘黄 S）、胭脂虫红、酸性红、苋菜红、胭脂红、赤藓红、诱惑红、靛蓝、亮蓝、叶绿素铜盐、专利蓝、绿色素 S、亮黑、褐色素、花青素、立索坚玉红。其中，前 13 种是我国国家标准允许使用的，后 6 种是不允许使用的。

**（4）美国标准**

有关食品添加剂均发布在美国联邦法典第 3 卷第 21 部，其中第 172条 "允许直接添加进人类消费食品中的食品添加剂" 规定各种允许使用的食品添加剂及其在各种食品中的最大使用量；第 180 条 "需补充研究的临时性食品添加剂或接触食品的物质" 将糖精、糖精胺、糖精钙和糖精钠列为疑似有害而需补充研究的临时性食品添加剂，仅允许暂时用于属特殊要求食品（如无糖食品）；且禁用甜蜜素（环己基氨基磺酸钠）。

**（5）日本标准**

日本食品添加剂规定主要在《日本食品卫生法规》中，该法规规定各种允许使用的食品添加剂及其在各种食品中的最大使用量。

**（6）铝色淀**

铝色淀是一种新型的着色剂，品种不断扩大，我国的铝色淀品种只有几种，而国际上已有几十种。它的优点是色泽鲜艳，着色性好。铝色淀是由着色剂与氢氧化铝反应生成，工业生产中是由着色剂与氧化铝（$Al_2O_3$）在水相中反应而成。氧化铝是由硫酸铝［$Al_2(SO_4)_3$］或氯化铝（$AlCl_3$）与碳酸钠（$Na_2CO_3$）、碳酸钙（$CaCO_3$）、碳酸氢钠（$NaHCO_3$）、碳酸氢钙［$Ca(HCO_3)_2$］或氨水（$NH_4OH$）反应制得，生成后的氧化铝立即与着色剂反应制得铝色淀。铝色淀中铝与着色成分有一定的比例要求。例如，胭脂红铝色淀中铝：胭脂酸＝1：2，因此，在铝色淀中原来的着色成分含量变小。

赤藓红与氧化铝在水相中反应生成赤藓红铝色淀。赤藓红与赤藓红铝色淀的着色成分是一样的，该着色成分的分子式和分子量相同，安全性相同。其差别是赤藓红着色剂含赤藓红高达 85％以上，颜色为红褐色；而赤藓红铝色淀含赤藓红成分为 10％以上，颜色较浅，为红色。我国允许使用的铝色淀，除赤藓红铝色淀外，还有柠檬黄铝色淀、新红铝色淀、日落黄铝色淀等。绿色食品除赤藓红及其铝色淀、新红及其铝色淀外，其他均允许使用。

**（7）化学合成着色剂**

是通过化学反应制得的着色剂。这类着色剂成分单一，着色成分含量高，因此，不易受氧化等环境条件而变化，着色比较稳定。经过国际上风险评估为安全的品种，允许用于食品。例如，靛蓝及其铝色淀、柠檬黄及其铝色淀、日落黄及其铝色淀等。

## 2.7.2　风险评估致使禁用的食品添加剂

**【标准原文】**

绿色食品不应使用亚铁氰化钾、亚铁氰化钠、苯甲酸及其钠盐（NY/T 392—2013 中表 1）。

**【内容解读】**

**（1）亚铁氰化钾和亚铁氰化钠**

属于抗结剂。CAC 和美国不允许使用，欧盟和日本允许使用，我国也允许使用。由于国际上在使用亚铁氰化钾和亚铁氰化钠方面有不同的规定，因此需进行风险评估计算。这种计算一方面依据我国饮食习惯，另一方面依据国际公认的日允许摄入量。依据 GB 2760—2014，亚铁氰化钾和亚铁氰化钠允许用于盐及代盐制品，最大使用量为 0.01g/kg（以亚铁氰根计）。以亚铁氰化钾为例进行风险评估计算如下：

依据分子量计算，亚铁氰化钾的分子量为 368，而亚铁氰根为 212。因此，亚铁氰化钾最大使用量＝0.01g/kg×368/212＝0.017g/kg。根据卫生部 2002 年中国居民营养与健康状况调查资料，成人每天食用盐平均摄入量为 12.2g，相当摄入的亚铁氰化钾＝0.017g/kg×12.2g＝0.207 4mg。

1974 年，JECFA 制定的亚铁氰化钾日允许摄入量为 0.025 毫克每千克体重，即 ADI＝0.025mg/kgbw。国际规定成人体重以 60kg 计，则成人每天允许摄入量＝0.025mg/kgbw×60kgbw＝1.5mg。

由此可见，按 GB 2760—2014 的规定使用，成人实际日摄入量 0.207 4mg 与成人日允许摄入量 1.5mg 在同一个数量级内（相差 7 倍），虽属安全，但对食用盐消费较大的人群以及体重远小于 60kg，而食盐摄入量降低不多的地区性儿童来说，仍有安全风险。

而且，近年来绿色食品制盐企业都用柠檬酸铁铵代替亚铁氰化钾和亚铁氰化钠，具有同样的抗结效果。本标准定为不允许使用。

**（2）苯甲酸及其钠盐**

属于护色剂。CAC 不允许使用，欧盟、美国和日本允许使用，我国也允许使用。由于国际上在使用苯甲酸及其钠盐方面有不同的规定，因此，需进行风险评估计算。

依据 GB 2760—2014 的规定，苯甲酸及其钠盐允许用于发酵调味品（酱油、醋、酱）、饮料（果蔬汁、肉、浆，蛋白饮料，碳酸饮料）和酒类（葡萄酒、果酒和配制酒）、糖果（胶基糖果、乳脂糖果、凝胶糖果）等。以日常食用量大，且添加的最大使用量也大的食品为例，即发酵调味品（酱油、醋、酱）及饮料进行计算。在这两种食品中，苯甲酸及其钠盐的最大使用量都为 1.0g/kg。每天食用饮料及发酵调味品平均为 100g，相当摄入的苯甲酸及其钠盐＝1.0g/kg×100g＝100mg。

由欧盟制定的苯甲酸及其钠盐 ADI＝5mg/kgbw，国际规定成人体重以 60kg 计，则每天允许摄入量＝5mg/kgbw×60kgbw＝300mg。儿童体重以 20kg 计，则每天允许摄入量＝5mg/kgbw×20kgbw＝100mg。

由此可见，按 GB 2760—2014 的规定使用，实际日摄入量 100mg 与允许日摄入量（成人 300mg、儿童 100mg）相当，不属于安全。本标准定为不允许使用。

## 【实际操作】

**（1）亚铁氰化钾和亚铁氰化钠**

这两种食品添加剂是用于盐和代盐制品的抗结剂，根据《食品安全国家标准 食品添加剂 亚铁氰化钠》（GB 29214—2012）的规定，亚铁氰化钠应由氰化钠和硫酸亚铁反应，或者以还原铁粉、氢氧化钠和氰化氢为原料生产制得，亚铁氰化钠中氰化物残留的测定是定性试验。根据《食品添加剂 六氰合铁酸四钾（黄血酸钾）》（HG 2918—1999）的规定，亚铁氰化钾应由氰化物与硫酸亚铁、氯化钾等反应，或者直接用亚铁氰化钠与氯化钾反应生成。两者呈颗粒状或粉末状，浅黄色，亚铁氰化钾中氰化物残留的测定也是定性试验。

**（2）苯甲酸及其钠盐**

这两种食品添加剂是用于多种食品的防腐剂，根据《食品添加剂　苯甲酸》（GB 1901—2005）的规定，苯甲酸应以石油甲苯为原料，经催化氧化、精制提纯而成。根据《食品添加剂　苯甲酸钠》（GB 1902—2005）的规定，苯甲酸钠应由苯甲酸与离子交换膜法生产的氢氧化钠或碳酸氢钠反应制得。这两种防腐剂都是白色颗粒状或结晶状，内含砷的限量为 2mg/kg。

## 2.7.3　与国际接轨致使禁用的食品添加剂

### 【标准原文】

绿色食品不应使用新红及其铝色淀、硫黄、富马酸一钠、硫代二丙酸二月桂酯（04.012）、L-a-天冬氨酰-N-（2，2，4，4-四甲基-3-硫化三亚甲基）-D-丙氨酰胺（又名阿力甜）、4-己基间苯二酚、噻苯咪唑、2，4-二氯苯氧乙酸、桂醛、联苯醚、4-苯基苯酚、4-苯基苯酚钠盐、乙萘酚和仲丁胺（NY/T 292—2013 中表 1）。

### 【内容解读】

在绿色食品生产中以上禁用的 14 种食品添加剂都是 CAC、欧盟、美国和日本禁用的。

根据《食品安全国家标准　食品添加剂　新红》（GB 14888.1—2010）的规定，新红是由对氨基苯磺酸经重氮化后与 5-乙酰氨基-4-萘酚-2，7-二磺酸钠偶合制成，属于化学合成着色剂。新红呈粉末状或颗粒状，红褐色。新红及其铝色淀用于装饰性果蔬、糕点；可可制品；配制酒；果蔬汁饮料、风味饮料、碳酸饮料等饮料类。

根据《食品安全国家标准　食品添加剂　硫黄》（GB 3150—2010）的规定，食品用硫黄是由工业硫黄经加工、处理、提纯制得，呈黄色粉状或片状，其内砷的限量为 1mg/kg。硫黄用于干制果蔬、蜜饯、糖果、粉丝和粉条等。

富马酸一钠是人工合成酸度调节剂，硫代二丙酸二月桂酯是人工合成抗氧化剂，L-a-天冬氨酰-N-（2，2，4，4-四甲基-3-硫化三亚甲基）-D-丙氨酰胺（又名阿力甜）是人工合成甜味剂，其他 9 种食品添加剂均为防腐剂。目前，尚无产品的国家标准规范其制备来源、制备方法、感官和理化性质。

## 【实际操作】

新红与新红铝色淀的着色成分是一样的，着色成分的分子式和分子量相同，安全性相同。其差别是新红着色剂含新红高达 85％以上，颜色为红褐色；而新红铝色淀含新红成分为 10％以上，颜色较浅，为红色。

### 2.7.4　无风险评估资料致使禁用的人工合成食品添加剂

## 【标准原文】

绿色食品不应使用硝酸钠（钾）、亚硝酸钠（钾）、司盘 20、司盘 40、司盘 80、吐温 20、吐温 40、吐温 80、乙氧基喹（NY/T 392—2013 中表 1）。

## 【内容解读】

联合国 JECFA 尚未发布以上 9 种食品添加剂的风险评估结果。因此，在 CAC 标准中允许使用的食品添加剂没有这 9 种。乙氧基喹在美国允许使用，在欧盟和日本不准使用。绿色食品允许使用天然食品添加剂，对于人工合成食品添加剂，应有国内外风险评估资料，并说明是安全的。否则，则禁用。因此，绿色食品生产中不准使用这 9 种食品添加剂。

硝酸钠、硝酸钾、亚硝酸钠、亚硝酸钾是护色剂，主要用于腌腊肉、酱卤肉、熏肉、烧肉、烤肉、油炸肉、西式火腿、肉灌肠和发酵肉制品。亚硝酸钠、亚硝酸钾还允许用于肉罐头。两类护色剂的最大使用量不同，硝酸钠、硝酸钾为 0.5g/kg，亚硝酸钠、亚硝酸钾为 0.15g/kg。

司盘 20、司盘 40、司盘 80、吐温 20、吐温 40、吐温 80 是乳化剂，主要用于乳制品（调制乳、稀奶油）、饮料（果蔬汁饮料、植物蛋白饮料）、冷冻饮品、豆制品、面包、月饼、调味料等。

乙氧基喹是防腐剂，按生产需要适量适用于经表面处理的鲜水果。

## 【实际操作】

### （1）硝酸钠、硝酸钾

根据《食品添加剂　硝酸钠》（GB 1891—2007）的规定，硝酸钠应为白色晶体。根据《食品安全国家标准　食品添加剂　硝酸钾》（GB 29213—2012）的规定，硝酸钾应由硝酸铵或硝酸钠与氯化钾反应，精制而成，为白色晶体。

**（2）亚硝酸钠、亚硝酸钾**

根据《食品添加剂 亚硝酸钠》（GB 1907—2003）的规定，亚硝酸钠应由碳酸钠吸收二氧化氮制成，为白色晶体。亚硝酸钾的制法尚无国家标准规定。

当前对硝酸钠（钾）和亚硝酸钠（钾）的安全性尚未定论。人体摄入后能否与体内氨基结合，转化为致癌性亚硝胺，转化的条件等在各国有不同看法。作为国际权威机构，JECFA 尚无定论，在 CAC 标准中未列为准许使用的食品添加剂。

**（3）司盘 20、司盘 40、司盘 80**

根据《食品安全国家标准 食品添加剂 山梨醇酐单月桂酸酯（司盘20)》（GB 25551—2010）的规定，司盘 20 应是月桂酸和失水山梨醇为原料，经酯化反应制成的琥珀色黏稠液体。根据《食品安全国家标准 食品添加剂 山梨醇酐单棕榈酸酯（司盘 40)》的规定，司盘 40 应是棕榈酸和失水山梨醇为原料，经酯化反应制成的浅黄色蜡状物。根据《食品安全国家标准 食品添加剂 山梨醇酐单油酸酯（司盘 80)》的规定，司盘 80 应是油酸和失水山梨醇为原料，经酯化反应制成的琥珀色或棕色黏稠油状液体。

**（4）吐温 20、吐温 40、吐温 80**

根据《食品安全国家标准 食品添加剂 聚氧乙烯（20）山梨醇酐单月桂酸酯（吐温 20)》的规定，吐温 20 应是山梨醇酐单月桂酸酯与环氧乙烷反应生成的黄色黏稠液体。根据《食品安全国家标准 食品添加剂 聚氧乙烯（20）山梨醇酐单棕榈酸酯（吐温 40)》的规定，吐温 40 应是山梨醇酐单棕榈酸酯与环氧乙烷反应生成的黄色至橙色黏稠液体或冻膏状物。根据《食品安全国家标准 食品添加剂 聚氧乙烯（20）山梨醇酐单油酸酯（吐温 80)》的规定，吐温 80 应是山梨醇酐单油酸酯与环氧乙烷反应生成的淡黄色油状物。

**（5）乙氧基喹**

根据《食品添加剂 乙氧基喹》的规定，乙氧基喹应是对氨基苯乙醚及丙酮为原料合成的浅黄色至琥珀色黏稠液体。

## 2.7.5 疑似有害致使禁用的人工合成食品添加剂

**【标准原文】**

绿色食品不应使用糖精钠、环己基氨基磺酸钠、环己基氨基磺酸钙（NY/T 392—2013 中表 1）。

## 【内容解读】

JECFA 对糖精钠和环己基氨基磺酸钠（甜蜜素）均做出风险评估，认为是安全的，列入 CAC 标准中，作为允许使用的甜味剂。欧盟、日本允许使用糖精钠，美国不允许使用糖精钠。欧盟允许使用环己基氨基磺酸钠和环己基氨基磺酸钙，美国和日本不允许使用环己基氨基磺酸钠和环己基氨基磺酸钙。

## 【实际操作】

美国联邦法典第 3 卷第 21 部第 180 条将糖精、糖精胺、糖精钙和糖精钠列为疑似有害而需补充研究的食品添加剂，目前对安全性尚未定论。因此，在美国标准中不允许使用糖精钠，仅在特殊要求食品（如无糖食品）中作为临时性食品添加剂。

1969 年美国食药局（FDA）根据动物试验，发现甜蜜素引起膀胱癌，其机理是肠道微生物将环己基氨基磺酸盐（包括环己基氨基磺酸钠和环己基氨基磺酸钙）转化为致癌性的环六胺（cyclohexamine），而被禁用于食品至今，美国国家标准中不允许使用。

## 2.7.6　不受理绿色食品致使禁用的人工合成食品添加剂

## 【标准原文】

绿色食品不应使用胶基糖果中基础剂物质及海萝胶（NY/T 392—2013 中表 1）。

## 【内容解读】

由于胶基糖果所用原料并不是都经食品风险评估为安全的，因此至今绿色食品尚不受理胶基糖果，在食品添加剂中禁用胶基糖果中基础剂物质及只用于胶基糖果的增稠剂海萝胶。

## 【实际操作】

胶基糖果是基础剂物质加入白砂糖或甜味剂制成的可咀嚼或可吹泡的糖果。这种基础剂物质包括天然橡胶、合成橡胶、树脂、蜡类、乳化剂、抗氧化剂和防腐剂等。这些物质中有些是人工合成的，未见食品级国家标准，因此绿色食品不受理其申报。

# 第3章
# 绿色食品生产及其食品添加剂使用

## 3.1 绿色食品分级

依据生产投入品等生产条件，绿色食品分为 AA 级绿色食品和 A 级绿色食品。

### 3.1.1 AA 级绿色食品

在生产过程中不允许使用化学合成的肥料、农药、兽药、渔药、食品添加剂等物质，化学合成的食品添加剂如第 1 章 1.1 所述，包括有机合成和无机合成。在 AA 级绿色食品生产中允许使用天然食品添加剂。

### 3.1.2 A 级绿色食品

在生产过程中允许限品种、限量使用化学合成的肥料、农药、兽药、渔药、食品添加剂等物质。所使用的食品添加剂尽量是天然食品添加剂，当不足以达到生产和产品要求时，允许使用化学合成食品添加剂，但必须符合《绿色食品 食品添加剂使用准则》的要求。

## 3.2 绿色食品初级农产品生产

绿色食品初级农产品包括种植业产品，如蔬菜、水果、粮食、茶叶等，以及养殖业产品，包括畜禽产品和水产品等。食品添加剂主要用于绿色食品的加工食品中，但也可用于初级农产品中，只不过所用食品添加剂的品种较少，如被膜剂可用于新鲜水果、白油可用于鲜蛋、丙酸可用于原粮等。依据第 2 章 1.1 所述的使用原则，在达到预期的效果下尽可能降低在食品中的使用量，甚至不用食品添加剂。绿色食品初级农产品依靠优良的生态环境；充分、合理地利用生态学原理；规范地实施标准化生产；严密的全程质量控制，使绿色食品初级农产品达到安全、优质要求，而少用或不用食品添加剂。

## 3.2.1　优良的生态环境

包括两个层次含义，第一，生态环境质量现状不会对绿色食品造成污染，影响绿色食品质量；第二，绿色食品生产也不会污染生态环境，如不施用未经腐熟的人畜粪尿，导致菌害污染；不破坏生物多样性，如不盲目施用农药，导致区域性益鸟减少或灭绝。保护生态环境质量现状，使绿色食品可持续发展（图3-1）。

图3-1　绿色食品生产的优良生态环境

生态环境是由以下4类因素组成的。

### 3.2.1.1　水

它是种植业和养殖业必不可少的条件。影响生物多样性、生物分布。农业用水包括种植作物的灌溉水、畜禽养殖的饮水、渔业用水。水的特点主要有以下几方面：

**（1）水质**

水分是土壤改良的重要条件。维持土壤的团粒结构，利于土壤通气性；传送土壤营养成分，尤其是无机离子；保护土壤表层不被强风剥蚀；维持土壤中有益微生物和昆虫（蚯蚓等）的生命。

对于动物来说，水的作用是明显的，它参与体内所有生化反应，是维持动物生命的最重要物质。

水质污染不仅直接影响动植物，而且污染土壤。水中污染物主要是人为污染物，一类是工业生产的"三废"排放，尤其是废水排放，如重金属（铅、铬、镉、汞等）、有机污染物（石油烃、多氯联苯、造纸黑水等），还有热水排放等；另一类是市政废水排放，提高水体的生化需氧量和化学需氧量，降低溶解氧含量，致使水生生物死亡。其次是破坏生态平衡，致使个别物种极端繁殖，如水体受到氮、磷化肥污染，造成富营养化，致使藻类极端繁殖，降低水中溶解氧含量，使大批鱼类死亡。

**（2）水量**

农灌水量的合理使用具有重要的意义。水资源的日益缺乏是世界大多数国家面临的严峻挑战，我国部分地区也面临该问题。节约用水是全民的职责，农业用水也如此。自 20 世纪后期以色列发明了滴灌技术以来，已在我国部分地区卓有成效地应用，不仅保证了作物用水，节约了水量；而且作物周围土壤因缺水，抑止了害虫和细菌的繁衍，大大降低了病虫害。新鲜水果无需使用被膜剂隔绝表皮上细菌所需氧气，符合尽量少用和不用食品添加剂的原则。

### 3.2.1.2 土壤

土壤是提供土栽作物营养的介质，土壤种类和结构关连到其成因，因此土壤分类众多，体现了不同的用途，常见的土壤分类有以下几种。

**（1）按土壤成因分类**

①风化土壤。即基岩经风蚀、水蚀、生物侵蚀（植物扎根、动物排泄物腐蚀）的单独作用或联合作用，在基岩上复层形成的土壤，其成分基本与基岩成分一致，留下极少量生物遗体或排泄物形成的腐殖质。

②洪积土壤。即由洪水（包括冰川）将山上岩石冲碎后沉积在山下而成。其成分基本与基岩成分一致，但洪水携带部分腐殖质留在洪积土壤中。因此，比风化土壤要多一点。

③冲积土壤。是由河流冲击河岸的岩石、土壤，流至下游开阔地段，流速减小而沉积，形成冲积平原。河水携带较多腐殖质留在冲积土壤中。这类土壤对农作物的营养价值是含有较多的腐殖质。

**（2）按土壤成分分类**

①沙土（以沙粒状岩石碎屑为主，主要成分为长石、石英、高岭土等黏土矿物，透气性好，团粒结构差）。

②黏土（除细粒状岩石碎屑外，含有大量腐殖质，透气性差，团粒结构差）。

③沙黏土（介于沙土和黏土之间，以黏土成分为主）。

④黏沙土（介于沙土和黏土之间，以沙土成分为主）。

后两类含有一定量的腐殖质，透气性好，团粒结构好，最适宜种植业。

**(3) 按土壤色泽分类**

①黑土（含有大量腐殖质，主要分布在我国东北地区）。

②黄土（含极少量腐殖质，主要分布在我国西北地区）。

③红土（含一定量腐殖质，主要分布在我国南方地区）。

介于以上 3 类之间的有褐土、灰褐土、黄棕土等。

从生态环境考虑，土壤一旦受到污染，很难消除污染。目前，靠天然降解减弱部分有机污染物，如有机烃，但历时过长；靠特殊植物吸收土壤中重金属，但这种生物富集有限。它们都需长期荒置农田，给农业经济带来很大损失。因此，绝不可采用污水灌溉，将相对较易处理而消除的污水中污染物转移到几乎无法处理而消除污染的土壤中去，这是生态环境保护特别需重视的。

### 3. 2. 1. 3　大气

大气是生态环境中流动性最强的因素，区域生态系统可分为封闭生态系统和开放生态系统。前者是物质和能量不与外界交换的生态系统；后者是物质和能量与外界交换的生态系统。大气污染是由区域生态系统外的环境，经大气扩散转移进来。污染源分为点源，即位置固定的排放面积相对较小的污染源，如工厂烟囱排放的烟气、传染病医院外溢的致病菌等；面源，即位置不甚固定的面积相对较大的污染源，如公路汽车尾气排放、城镇燃煤排放等。周围环境的气体排放是否能影响到本生态系统，取决于风向，尤其是常年主导风向。农业生产部门可向当地气象部门查询近 3 年日风向观测资料，制作风向频率玫瑰图（图 3－2）。

利用大气扩散高斯模式可计算上风向污染源的污染物扩散到绿色食品产地的落地浓度，该计算模式的计算参数包括污染源排放强度、风速、烟气抬升高度、垂直向和水平向扩散参数。粗略计算，在正常风速（3m/s左右）与 C 级和 D 级稳定性条件下，上风向 10km 以外的点污染源以及 2km 以外的面污染源不会影响绿色食品产地的生态环境。否则，有一定影响。

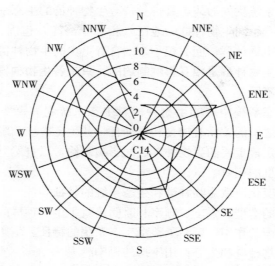

图3-2　风向频率玫瑰图

### 3.2.1.4　生物群

生态环境内生物品种、分布以及相互影响。对绿色食品产地来说，优良的生态环境应具有有益的生物物种，如益鸟等；而没有或极少的有害生物物种，如丛生的杂草、肆虐的田鼠等。并且有防止外来有害生物物种侵袭的措施，如引入和繁衍害虫的天敌等。

### 3.2.2　充分、合理地利用生态学原理

生态学原理具体包括以下6条：

**(1) 维持生物种群和基因多样性**

在一个生态系统中，各种生物种群能维持一定时期，以适应生态环境。即使环境条件发生变化，各生物种群也能靠自身的变异适应变化了的环境，维持基因多样性。

**(2) 生物栖息地是维持生物种群的基本条件**

生物栖息地是生物种群存在的场所，维持生物栖息地包括不同条件下的生物栖息地，如冬季条件、微生物繁衍或减弱条件等。

**(3) 同类栖息地中大面积比小面积含有更多的生物种群**

这个理论起源于英国的"岛屿理论"，在同样环境变化条件下，小岛上某生物种群灭绝的速率比大岛快，长期演变的结果是小岛的生物种群比

大岛少。生态系统犹如岛屿，具自身特有生物种群的生态系统（相当于岛屿）被周围具有不同生物种群的地区（相当于海洋）包围。前者面积大，则含有更多的生物种群；而面积小，则含有更少的生物种群。

**（4）所有生物种群是相互影响制约的，只是各生物种群之间影响制约的性质和程度不同**

在一个生态系统中有的生物种群对生态系统起着重要作用，有的并非。生物种群之间的关系有捕食和被捕食、共生、寄生。维持生态平衡的重要方法是确定最重要的生物种群之间影响制约，以自然方式或人为方式维持各生物种群的相对数量。

**（5）环境变化造就生物种群和生态系统的特征**

环境变化的类型、强度、频率和时间造就了生物种群的数量、分布范围以及相互之间的作用，影响了整个生态系统的特征。生态系统和生物栖息地越大，生物种群和生态作用维持的概率越大。

**（6）气候会影响陆地、淡水和海洋生态系统**

温度、降水和风会改变物理作用和生态作用，如光合作用、鸟类的迁徙、微生物的繁衍或减弱等，甚至导致某些生物种群的灭绝。

### 3.2.3　规范地实施标准化生产

绿色食品生产不违背农业生产的原则，即因地制宜，按照当地的自然地理条件从事农业生产；因时制宜，按照当地的气象气候条件从事农业生产。在此基础上，按照绿色食品标准进行生产，包括生产操作准则、产品标准、包装和储运标准等，确保绿色食品安全、优质。

### 3.2.4　实施全程质量控制

从选择优良的种子、种苗、仔畜、雏禽、鱼苗开始；在各阶段的栽培、养殖过程中科学地使用农业投入品，控制合理的生产工艺条件；并在包装、储存和运输过程中选用无污染的包装材料，按产品变质的难易和保质期要求选用普通包装、真空包装或充氮包装，按产品中营养成分、水分的多少促使微生物生长的快慢以及要求保质期的长短，采取常温储存、低温储存（分为 $0 \sim 4℃$ 的冷藏储存和低于 $0℃$ 的冷冻储存）或超低温储存（低于 $-18℃$），在运输过程中不与绿色食品以外的食品或非食品物件混运，运输工具清洁，不污染产品。全程质量控制保证绿色食品从农田到餐桌的安全、优质。

全程质量控制（TQC）引用于工业管理术语。它被用于绿色食品种植业、养殖业的管理，其全程的含义是从土地到餐桌。包括从种植或养殖，到包装、储存、运输、销售和质量检验的全部过程，该过程的目标是质量，包括品质和安全。达到这个目标的手段是"控制"，而这控制的完善程度是执行全程质量控制的关键。控制的方法有良好农业规程（GMP）、危害分析和关键控制点（HACCP）等，后者比前者更为完善。控制步骤归结如下：

**（1）确定产生质量问题的生产环节**

首先要充分认识原料、中间产品或成品有哪些质量问题。以种植业生产为例，农家肥施用时的腐熟程度、病虫害预测和农药施用环节等；养殖业中则包括饲料、畜禽饮水、环境消毒、防疫、兽药、治疗等。

**（2）确定工艺条件**

如上例种植业生产选用农药的品种、剂型、稀释倍数、施用方式和使用量、安全间隔期；养殖业生产中畜禽饮水水质，消毒剂品种、剂型、稀释倍数、施用方式，兽药的品种、剂型、稀释倍数、施用方式和休药期等。这些都与残留有关，应按国家标准确定工艺条件，作为质量控制条件。

**（3）制定临界值**

临界值是工艺条件的量化数值，如农药稀释倍数 1 ∶ 1 000、每亩*使用量 1kg、安全间隔期 15d 等。医用兽药倍数 1 ∶ 500、消毒剂用量 20mg/L（带水清塘）、休药期 7d 等。

**（4）确定检验方法**

简单的测量可自订，如农药稀释倍数等。复杂的可按国家标准方法检验，如农残浓度检验等。通过检验可确定临界值的执行情况和全程质量控制的实际效果。

**（5）拟定纠偏措施**

通过检验发现质量不符合要求的，均按照事先拟定的纠偏措施改正。纠偏的内容包括生产操作规程等制度修订、工艺条件改变、临界值调整等，直到通过检验符合要求为止。

**（6）实施召回和处理措施**

一旦通过以上全程质量控制，仍发生质量事故，需按应急预案实施商品召回和处理。同时，进行全程质量控制的修订。

总之，以上 6 个方面是实施全程质量控制的重要内容，并要求文件化。

---

＊ 亩为非法定计量单位，1 亩＝1/15 公顷。

# 3.3　绿色食品加工产品生产

绿色食品初级农产品是绿色食品加工产品的原料，如上所述应达到优质安全。而加工产品是经过一系列加工过程，选用先进的加工工艺，达到优质安全的要求。在这过程中遵循少用或不用食品添加剂的原则。

## 3.3.1　绿色食品的安全优质

### 3.3.1.1　安全性

安全指无损于人身健康的特性。安全反映在绿色食品的物理性、化学性和生物性 3 个方面。

**(1) 物理性安全为绿色食品中没有外来杂质**

**(2) 生物性安全为绿色食品的可食部分没有致病微生物**

如水果除去外皮的可食部分；菌落总数控制在安全的指标值以内，如奶粉中菌落总数小于 15 000CFU/g（15 000 个菌落数每克）；并且没有寄生虫。

**(3) 化学性安全为绿色食品具有以下性质**

①不含有毒、有害物质的内源成分。包括天然毒素，如河豚毒、麻醉性贝毒、植物碱、蕈毒；生理有害成分，如抗维生素物质、抗酶物质等。

②含量在安全范围内的外源成分。安全范围是依据联合国食品法典委员会（CAC）发布的，由联合国食品添加剂联合专家委员会（JECFA）制定的日允许摄入量（ADI），计算的最大残留限量（MRL）以下的含量。这些外源成分包括农残、兽残、真菌毒素及细菌代谢毒素、重金属和有机物等污染物、食品添加剂。同时，还有非法添加物质，包括非食品化学物质。

③不含食品加工中产生的有毒、有害物质：如油脂加热中产生的苯并（a）芘。

④不含食品加工中添加的尚未定论的疑似有害物质：如糖精、亚硝酸盐等。

### 3.3.1.2　优质

具有优良品质，达到相应食品国家标准中特级或一级产品的要求。绿色食品的优质主要体现如下：

**（1）营养、风味**

反映营养、风味的项目充分、不遗漏，其指标值反映优质性，采用极小值或范围值。例如，咖啡粉中咖啡因含量定为≥0.8%，与生咖啡和焙炒咖啡一致，而不定为≤1.0%。这样可防止生产速溶咖啡时，提取咖啡因后经干燥喷粉的咖啡渣（咖啡因含量仅<0.1%）混入咖啡粉，成为劣质产品。

**（2）品质**

体现品质的项目包括感官、理化。例如，蔬菜的整齐度要求，不同类的蔬菜有不同的百分率限定整齐度；畜禽肉的挥发性盐基氮，反映新鲜度；加工食品中啤酒的甲醛，反映加工用原料的优质及加工工艺的先进；年糕中的杂质，反映原料大米的脱壳程度等。

**（3）等级规格**

目前，我国部分食品国家标准采取分级指标。例如，食用植物油、水果、食用菌和谷物等。对于这类食品，绿色食品达到相应国家标准中的优级或一级项目及其指标值，包括感官和理化。

确定分规格的绿色食品时，参考国内外相关标准，采用我国市场认可的优质规格。例如，柑橘在国际上分为13个规格，绿色食品柑橘采用个体大的规格。再如，绿色食品苹果，国内市场分为5个规格，即依最大果径（单位为毫米）为80以下、80～85、85～90和90以上，绿色食品苹果采用80以上的规格，而不是90以上。不同食品的规格优劣含义不同，小枣则以小为优，因此，绿色食品枣按不同品种决定其优良的规格，如金丝小枣、新疆大枣就不能以规格大小决定优劣。

**（4）微生物**

分成即食、冲泡、烹煮3类，对其微生物各确定范围值（同时参考生产工艺、营养本底、包装条件等），采取多次测定，限值计数判定法；或一次检验法，如乳制品。食品中的微生物项目依质量安全要求可分为以下两类：

①有益菌。如发酵后不经杀灭菌的产品发酵乳等，这类产品标准中规定乳酸菌含量，如酸奶（酸奶包括两个品种，即发酵后不经杀灭菌的品种，其中有乳酸菌；以及发酵后经杀灭菌的品种，其中没有乳酸菌，只保持风味。前者可称为发酵乳，后者则不可）等。

②非致病性微生物项目。如加工食品中菌落总数，反映食品口感等质量的上乘。联合国食品法典委员会以指南的形式规定了食品中微生物项目确定和使用的原则，其中要求达到良好卫生规程（GHP）、危害分析和关

键控制点（HACCP），而食品中非致病性微生物含量，要求达到其规定的限值，并规定同类食品有相同指标值，相同食用方式有相近的指标值。按食用方式分，绿色食品分为即食、冲泡、烹煮3类。3类之间指标值不同，每类中不同品种食品的指标值稍有差别，这取决于含水量、营养物质含量、生产工艺、包装及储存方式。例如，冲泡型的奶粉、藕粉、固体饮料之间指标值稍有差别，但比即食型松，比烹煮型严。

若同品种产品的国家标准中测定或计数的微生物（如菌落总数、大肠菌群及金黄色葡萄球菌等部分致病菌）的限量采用上限值和下限值，则绿色食品标准应与国家标准等同，或采用其下限值。

**（5）包装**

禁用聚氯乙烯等塑料包装，限定塑料预包装食品中丙烯腈等释放物项目及其指标值。

## 3.3.2 绿色食品加工工厂的布局和卫生条件

绿色食品加工工厂的合理、严格的卫生条件、先进的设施、规范的管理和高素质的员工，是保证产品质量的基本条件。

### 3.3.2.1 绿色食品加工工厂布局

绿色食品工厂选址、布局应防止环境对生产的污染，同时也要保证生产不污染环境。工厂应选择高燥地势，水资源丰富、水质良好，土壤清洁，便于绿化，交通方便的地方。

食品中某些生物性或化学性污染物质通常来自于空气或虫媒传播。因此，在选择厂址时，首先要考虑周围环境是否存在污染源。一般要求厂址应远离工业区，必须在工业区附近选址时，要根据污染范围设500～1 000m防护林带。厂址还应根据常年主导风向，选在可能的污染源的上风向。若处于下风向，则应远离其10km以上。工厂应按《工业企业设计卫生标准》的规定执行，最好远离居民区1km以上。其位置应位于居民区主导风向的上风向和饮用水水源的上游。同时应具备"三废"净化处理装置，以避免对居民造成不良影响。

一般绿色食品工厂由生产车间、辅助车间（如机修车间、电工车间等）、动力设施、仓储运输设施、工程管网设施及行政生活建筑等组成。厂区应按不同的系统分别划分为行政区、生活区和生产区等。对于生产品种多、安全卫生要求不同的生产车间，可划分为不同的生产区，如原材料、物料预处理生产区，成品、半成品生产区和成品包装生产区等。

绿色食品企业所用的工程管线，主要有生产和生活用的上下水管道、热力管道、煤气管道及生产用的动力管道、物料管道和冷冻管道等；另外还有动力、照明、电话、广播等各种电线、电缆。在进行总平面布置时需要综合考虑。要求管线之间、管线与建筑物、构筑物之间尽量相互协调，方便施工，安全生产，便于检修。

　　厂区应注意绿化，绿化不但能减弱生产中散发出的有害气体和噪声，减少厂区内露土面积，而且能净化空气，减少太阳辐射热，防风保温。但绿色食品工厂生产区不宜种花，以免花粉影响食品质量。

### 3.3.2.2　绿色食品生产车间布置设计

　　绿色食品生产车间布置设计是以工艺为主导，并在土建、设备、安装、电力、暖风、外管等专业密切配合下完成。绿色食品生产车间布置设计原则如下：

　　**（1）符合生产工艺的要求**

　　按流程的流向顺序依次进行设备的排列，以保持物料顺畅地向前输送，按顺序进行加工处理，保证水平方向和垂直方向的连续性，不使物料和产品有交叉和往复的运动。

　　**（2）符合生产操作的要求**

　　设备布置应考虑为操作工人管理多台设备或多种设备创造条件。凡属相同的几套设备或同类型的设备或操作性质相似的有关设备，应尽可能集中布置，彼此靠近，以便统一管理，集中操作，方便维修及部件的互换。车间内要留有堆放原料、成品及排出物和包装材料的空地（能堆放一批或一天的量），以及必要的运输通道。

　　**（3）应符合设备安装、检修的要求**

　　**（4）应符合厂房建筑的要求**

　　**（5）应符合节约建设投资的要求**

　　**（6）应符合安全、卫生和防腐蚀的要求**

　　车间卫生是生产的首要环节，在生产车间布置设计时，必须考虑到车间卫生条件，车间的流水沟与生产线的方向相反，要为工人操作创造良好的安全卫生条件，设备布置时尽可能做到工人背光操作，高大设备避免靠窗布置，以免影响采光。

### 3.3.2.3　绿色食品工厂车间卫生要求

　　绿色食品工厂车间卫生要求一般包括如下几个方面：

**（1）生产车间设置**

生产车间不应设在地下室内，因为越接近地面的空气所含的尘埃和微生物越多；且地下室采光极差、空气流通差。

**（2）车间结构应便于清洗消毒，能防蝇、防尘**

如绿色食品鸭的清洗消毒（图3-3）采用无害残留的次氯酸钠消毒剂，配制一定浓度的次氯酸钠溶液在水中释放出原子氧，能杀死细菌。残留的氧分子和氯化钠对鸭无害。这种消毒工艺在消毒池中完成，待消毒的鸭由挂钩机械传动，鸭在消毒池中传动时间和消毒剂浓度能达到消毒目的，整个工艺是自动化流水线。

图3-3　绿色食品鸭的清洗消毒

**（3）保证车间内有良好的微气候**

在南方炎热地区应避免夏季过热，充分利用自然通风，加强围护结构的隔热性能，加设阳台、走廊等遮阳设施。在北方寒冷地区应避免冬季过冷，争取得到更多的太阳照射时间，适当加大朝南窗户面积，加强围护结构的防寒保温性能，尽量避免室外寒风的侵袭。

**（4）原料、成品、燃料和废渣的出入口均应互相分开，避免交叉污染**

**（5）车间必须有更衣、洗手消毒室等，且布局、设施合理**

**（6）保证车间的通风换气**

**（7）采光、光照合理**

**（8）屋顶、墙、地面和建筑物材料符合卫生要求**

墙面光滑便于清洗，离地 1～2m 处用瓷砖、磨石子、磨光水泥等不渗水的材料铺贴筑成墙裙。墙内外均宜用浅色，有污点时易辨认，墙角、墙与地面的结合处呈弧形以免积灰土。

地面光滑无裂纹，但不宜太光滑，以防滑倒；必须耐水、耐热、耐酸碱，以花岗岩加工成的板材用环氧胶泥勾缝最佳；地面要有一定的坡度（1∶100～1.5∶100），以利排水。冷饮、乳制品、酒类发酵车间等既要防止地面积水，又要在地表保持清洗，以便防尘。地面还要有排水沟，排水沟必须与厕所通向室外下水道系统的阴沟线分开，在室外某点会合之连接处应采取措施，防止厕所污水回流入车间。

屋顶与墙的接合处应为弧形，能防尘、防水、防鼠、防昆虫隐藏。

对于生产设备不是全封闭的生产车间，车间顶部不应有管道通过，特别是在烧煮食品的开口容器的上方。因管道漏水或冷凝水可能漏入制品中，也可因油漆脱落或金属腐蚀而污染食品。

生产车间所用的建筑物材料、涂料和装饰材料都要求采用绿色环保材料，绝不能用放射性材料和有毒的化学材料。

**（9）有防鼠设施**

门窗结构要紧密，缝隙不能大于 1cm，所有出入口包括排水沟出入口、下水道出入口都应安上洞口小于 1cm 的金属网防鼠；地基须深入地下 0.5～0.8cm，地面上 60cm 之下部分均应用坚固的鼠类不能侵入的材料（砖、石等）砌成；墙身光滑，墙角做成弧形，可防止老鼠上屋顶后在局部活动。

### 3.3.2.4　生产人员的卫生要求

从事绿色食品加工、检验及有关人员，应严格遵守卫生制度，定期进行健康检查，合格者方可上岗。若发现有开放性或活动性肺结核、传染性肝炎、流行性感冒、肠道传染或带菌者、化脓性或渗出性皮肤病、疥疮及其他传染性疾病者，均不得直接参加食品生产操作。食品生产车间的操作人员，必须穿戴白色工作服和鞋帽，进车间前必须洗手、消毒，严禁在车间吸烟、吃东西。注意个人卫生，培养良好的卫生习惯。

## 3.3.3　绿色食品加工设备要求

加工设备应保证实施工艺过程安全可靠。对不同的食品加工工艺，加工设备区别较大，所以对机械设备材料的构成不能一概而论。一般来讲，不锈钢、尼龙、玻璃、食品加工专用塑料等材料制造的设备都可用于绿色食品加工。

食品工业中利用金属制造食品加工设备的较多，铁、不锈钢、铜等金属可以应用于加工设备的制造。铜、铁制品毒性极小，但易被酸、碱、盐等食品腐蚀，且易生锈。不锈钢器具也有铅、铬、镍向食品中溶出的问题，故应注意合理使用钢铁制品，并遵照执行不锈钢食具食品卫生标准与管理办法。

在加工过程中，使用表面镀锡的铁管、挂釉陶瓷器皿、搪瓷器皿、镀锡铜锅及焊锡焊接的薄铁皮盘等，都可能导致食品含铅量大大增高。特别是在接触 pH 较低的原料或添加剂时，铅更容易溶出。铅主要损害人的神经系统、造血器官和肾脏，可造成急性腹痛和瘫痪，严重者甚至休克、死亡。镉和砷主要来自电镀制品，砷在陶瓷制品中有一定含量，在酸性条件下易溶出。因此，在选择设备时，首先应考虑选用食用级不锈钢材质。在一些常温常压、pH 中性条件下使用的器皿、管道、阀门等，可采用玻璃、铝制品、聚乙烯或其他无毒的塑料制品代替。但食盐对铝制品有强烈的腐蚀作用，应特别注意。

加工设备还应操作清洗方便，耐用易维修，备品配件供应可靠。加工设备的轴承、枢纽部分所用润滑油部位应全封闭，并尽可能用食用油润滑。机械设备上的润滑剂严禁含有多氯联苯。

食品机械设备布局应合理，符合工艺流程，便于操作，防止交叉污染。设备管道应设有观察口并便于拆卸修理，管道转弯处呈弧形以利冲洗消毒。生产绿色食品的设备应尽量专用，不能专用的应在批量加工绿色食品后再加工常规食品。批次生产加工后对设备进行必要的清洗。

食品生产设备和管道的清洗应定期进行，以采用现场清洗程序（CIP）为佳，即用弱碱洗去脂肪，用弱酸洗去蛋白质，并用清水洗净。整个程序完成后，应检验流出清水的酸碱度，应达到中性，表明无酸、碱残留。

### 3.3.4 绿色食品加工工艺

对加工类食品来讲，食品质量的安全性不仅仅是种植业限用化肥、农药等化学合成物质，养殖业严格控制饲料添加剂、兽药、渔药，食品加工时注意添加剂使用方法即可解决的问题。随着食品工业的快速发展，新工艺、新技术、新原料、新产品的采用，加工中造成食品二次污染的机会也越来越多。所以绿色食品加工应尽量选择对食品的营养价值破坏少、避免二次污染机会的先进生产工艺，以保证绿色食品的安全、优质，尽量少用或不用食品添加剂。

以下将具体叙述绿色食品生产过程中几种常用或比较先进的食品加工工艺，用以体现绿色食品加工的原则和加工中须控制的要点。

### 3.3.4.1 速冻技术

速冻技术广泛用于植物性和动物性食品中，其目的是保持食品的原有属性和风味，延长食品的保存期和保质期。

冷冻技术是将物料冷却、冻结、冷藏、解冻的全过程的技术；速冻技术是采用低温、快速冻结物料的一种技术。这种技术能最大限度地保持食品原有色、香、味及食品外观、质地和营养价值，是目前世界上普遍采用的方法。

**（1）食品冷冻过程可依次分为以下 3 个阶段**

第一阶段，冷却阶段。食品放出热量，这种热量称为显热，使温度迅速下降，从初温冷却到食品的冰点以上。

第二阶段，最大冰结晶形成阶段。温度区间为 $-5 \sim -1$℃，这一阶段大约有 80％的水分变成冰，这种大量形成冰结晶的温度范围，称为冰结晶最大生成带。本阶段食品放出的热量主要是潜热，所以，食品的温度下降不多，经历时间相对长一点。

第三阶段，继续降温至冻结储藏温度。这一阶段，食品中的水分已绝大部分形成冰结晶，放出的热量主要是显热和少量潜热，降温速度比冰结晶最大生成带快。但是，到冻结后期，由于食品的温度和冷冻介质的温度差值越来越小，降温也逐渐减慢。这一阶段要求食品的中心温度区间为 $-36 \sim -18$℃，国际上要求达到 $-18$℃或以下。例如。冷冻肉、冷冻鱼经过速冻后，食品中心温度降至 $-18$℃。

**（2）食品在冷冻过程中会造成以下两者损伤**

第一种称为冷冻机械损伤理论。食品中的水分变成冰后，视其含水量，体积要增大 9％左右。因此，有的产品经冷冻后膨起或裂开，同时伴随着内压力的升高。另外，溶解在食品中水的少量气体，在冻结后游离出来，体积增大数百倍，也会对食品内部产生很大压力。因此，在果蔬内部产生冰结晶后，组织的细胞之间的结合面被拉开，由于冻结膨胀在细胞内产生应力，破坏了细胞的组织结构。根据这一理论，若快速冻结，在细胞内外形成细小且分布均匀的冰结晶。这样，就会减弱机械损伤的作用。相反，若缓慢冻结，大部分水分在细胞外形成大的冰结晶，对细胞的机械损伤作用会加强。因此，速冻技术被广泛采用，代替传统的缓慢冷冻技术。

　　第二种称为冷冻脱水损伤理论。依据水中溶质增大，冰点降低的理论，食品冻结过程中先冻结不含或少含溶质的水，在缓慢冻结时先是纯水冻结，而剩余的水溶液被浓缩，溶液的 pH 改变、盐类的浓度增加，使食品中原先有机质与水形成的胶质状态成为不稳定状态。随着低溶质含量的水分不断冻结，这种不稳定状态继续加剧，就会使细胞中的蛋白质产生冻结变性、糊化淀粉出现凝固。食品解冻的水分已发生浓度的变化，不能充分地被细胞吸收，则形成大量汁液而流失。因此，解冻后的食品质量已经不是原有的食品质量，致使食品质量下降。如果快速冻结，细胞内的水分通过细胞壁向外扩散的速度减慢，水溶液浓缩的程度较差，细胞内脱水造成的损伤就较弱。

　　上述机械损伤理论和脱水损伤理论都说明快速冻结对维持植物性食品水果、蔬菜，以及动物性食品肉、鱼的质量，具有显著的效果。例如，速冻的甜椒与新鲜的相比，烹调后的菜肴两者几乎无差别。相反，缓慢冻结的甜椒与新鲜的相比，口感变差，并具有冻菜味。

　　不同种类的鱼、肉对速冻所致影响的差别不大。果蔬则不然，果蔬的品种不同，对冷冻的承受能力有较大的差别。一般含水分和纤维素多的品种，对冷冻的适应能力差，而含水分少、淀粉多的品种，对冷冻的适应能力强。如豆类、甜玉米、土豆等含淀粉多的蔬菜用普通的送风式冻结也不会对产品质量带来特别大的影响；而龙须菜、番茄、竹笋之类的蔬菜用液氮或干冰速冻则可获得优质的产品。

　　影响冻结产品质量的因素很多，冻结速度仅是其中之一，不能过于单纯强调快速冻结。另外，食品种类的不同，快速冻结的效果也不一样。有些食品冻结速度的快慢，并不会使产品的质量产生太大的差别，如牛肉、猪肉，采用不同的冻结速度对产品质量就没有大的影响。原因是牛肉、猪肉的细胞膜是由肌纤维构成，具有一定的弹性和韧性；而果蔬的细胞膜和细胞壁是由纤维素组成，纤维素没有肌纤维坚固。当产品冻结以后，肌纤维耐受冰结晶的膨胀压较强，而纤维素却较弱。

**(3) 保质的方法和装置**

　　不同种类的食品可用不同的速冻方法和速冻装置来达到保质的最佳效果，常用的有以下几种：

　　①流态化速冻装置，也称液化床速冻装置或悬浮式速冻装置。是利用从网孔传送带下方自下向上送入高速冷风将小颗粒的食品吹起，使食品呈悬浮态，形成单体速冻，这种速冻装置适于速冻青豌豆、菜豆、毛豆、胡萝卜丁、土豆条、虾类等，一般在 10min 以内可使食品中心温度达到

−15℃以下。

②螺旋带式速冻装置。采用一个或两个滚筒，外围绕有向一个方向转动的不锈钢传送带，可绕10～20圈。在滚筒带动下，沿周围运行，速冻食品放在传送带上，传送带由下部进去上部出来；冷空气由上部往下吹，使冷空气与冻结食品呈逆式对流换热，速冻室的温度为−35℃、空气流速5m/s、送风量10m³/s。食品厚75mm时，30min以内可达到−15℃，这种速冻装置占地少，适于在船上作业，广泛用于虾、鱼片、鱼丸和饺子等食品。

③平板速冻装置。其工作原理是将平板处于制冷剂蒸发冷却，把食品放在各层平板中间，用液压系统使平板与食品紧密接触，而使食品冻结。其传热速度快，冻结时间短，占地少，多放于船上或车间内，用于速冻鱼、虾、肉饼等。

④液氮速冻装置。将欲速冻产品置于传送带上，首先进入预冷区，与汽化的低温氮气接触后被冷却，这个区域温度为−10～−5℃；然后产品进入速冻区，与喷淋的液氮接触，食品很快被冻结，这个区域温度为−196℃；最后产品进入均温区，由于速冻区温度很低，食品瞬时即被冻结，而食品内部的温度比表面的温度还高。因此，食品在这个区域继续速冻，温度为−60～−30℃。液氮速冻装置的优点是冻结速度快，生产效率高，比平板速冻装置快5～6倍，一般在几分钟之内食品中心温度可达到−15℃以下。速冻产品质量好，无污染，速冻产品干耗小（如牡蛎采用空气速冻，干耗为8%，而液氮速冻为0.8%），该装置具有设备简单，占地面积小，投资少等优点，被经济发达国家广泛采用。这种液氮速冻装置可适用于所有的蔬菜、水果、畜禽肉类和鱼糜等水产品。

将速冻产品放入低温冷藏库储藏，简称为冻藏。一般冻藏的温度越低，速冻食品质量保持越好，冻藏期越长。但是，冻藏温度越低，生产成本就越高。因此，一般低温冷藏库的温度为−18℃。近年来人们对速冻食品的质量要求越来越高。因此，冻藏温度逐渐降低，如水产品为−30～−25℃。冻藏温度与冻结速度对食品质量的影响同等重要，甚至更大。速冻食品在冻藏中，温度波动范围一般控制在±2℃或±1℃。

较高的冻藏湿度可减少速冻食品的干耗，冻藏房中相对湿度越大越好，一般相对湿度维持在95%～98%。低温冷藏房内的空气流动一般依靠自然对流，其速度为0.05～0.15m/s。自然对流的优点是速冻食品干耗小，但空气流动性差，温度、湿度分布不均匀。对带包装的速冻食品，可以采用微风速循环，风速为0.2～0.3m/s。

### 3.3.4.2 浓缩技术

浓缩技术主要用于液体食品，经浓缩后成为中间产品，以便进而加工成终产品。例如，牛奶经过浓缩后成为浓缩奶，进而加工成奶粉。浓缩技术还可用于生产浓缩的终产品，例如，由牛奶生产炼乳，由果蔬原汁生产浓缩果蔬汁。无论生产中间产品或终产品，浓缩的工艺是一样的，即将食品中的水分去除，保留干物质，提高食品的干物质浓度。浓缩技术的工艺主要有以下两种：

**(1) 冷冻浓缩**

食品冷冻浓缩一般用于果汁、蔬菜汁的浓缩。由于是在低温下进行浓缩，可以最大限度地保持食品中的营养成分和风味，是比较符合绿色食品要求的生产方法。

冷冻浓缩首先要对食品进行冷冻，冷冻速度的快慢直接影响冰结晶和溶质的分离效果。一般缓慢冻结，形成的冰结晶比较大，容易使冰结晶和溶质分离；快速冻结，由于冰结晶颗粒小，不仅溶质分离困难，而且溶质损失也较多。在实际冷冻过程中，即使缓慢冻结，大小冰结晶有共存的场合，由于大的冰结晶和小的冰结晶饱和蒸气压不同，小的冰结晶向大的冰结晶靠拢，使冰晶逐渐增大。利用这一现象，可使冰晶有一个成长过程，将冰从溶液中分离出去。

冷冻浓缩第二步是将冰结晶分离，冰结晶从浓缩液中分离的方法有以下 3 种：

①离心分离法。这是一种常用的方法，采用高速离心装置。由于浓缩液的表面张力，一部分溶质会附着、残留在冰晶表面上，为此，在离心分离装置内部，向冰结晶喷冷水或低浓度溶液，可以将冰结晶表面附着的果汁回收。离心法适于分离黏度较高的液状食品。

②压榨分离法。首先要将浓缩液进行缓慢冻结，然后用压榨机将冻结的浓缩液压成冰块，由于溶质的冰点低，未冻结，于是溶质从冰块中压出。压榨有两个作用：一是利用加压使溶质从冰结晶的间隙中压出；二是靠加压机做功形成热量，将一部分冰结晶融化，用该溶解液将附着于冰结晶之间的溶质成分洗净压出。

③过滤分离法。是将冻结的浓缩液冰块加压，但用过滤器使浓缩液和冰结晶分离。由于这种分离方法是在密闭系统中进行分离，因此，不会发生芳香成分的损失，有利于风味的保持。这种技术更适用于浓缩果汁的生产。

### （2）真空浓缩

食品的真空浓缩是将被浓缩溶液放入真空罐中，然后用真空泵等使真空罐处于减压状态，并对真空罐加热，由于压力降低，溶液的沸点也随之降低，水分则大量蒸发，进而达到浓缩的目的。真空浓缩与常压浓缩相比，能最大限度地保持食品的色泽、风味和营养价值。真空浓缩广泛应用于果汁、果酱和糖类等溶液的浓缩，如番茄酱生产，也用于炼乳的生产。国外的真空浓缩还带有芳香族成分的回收，由于浓缩过程中水分及芳香族成分都呈气态逸出，且芳香族成分的逸出早于水分，因此在逸出的开始阶段将芳香族成分回收成高浓度的液态，待真空浓缩结束后，再将该含芳香族成分的高浓度液体添加到终产品中，维持了果汁、果酱或炼乳的风味。

### 3.3.4.3　干燥技术

干燥技术广泛用于植物性和动物性食品生产中，如脱水蔬菜、干果、肉松、鱼干、奶粉和藕粉等。干燥技术主要有以下两种工艺：

### （1）冷冻干燥

是在减压条件下使物料中的水分从冰直接升华为水蒸气的一种干燥方法，又称真空冷冻干燥或升华干燥。冷冻干燥的过程一般依次分为 3 个阶段：

①预冻结阶段。将物料预先进行冻结（物料中水分冻结成冰）。

②升华干燥阶段。将冻结后物料置于密闭的真空容器中加热，使其冰晶升华成水蒸气，而使物料脱水干燥。这种干燥是物料从外表面的冰开始升华，逐渐向内移动，冰晶升华后残留下的空隙变成升华水蒸气的逸出通道，已干燥层和冻结部分的分界面称为升华界面。在食品冷冻干燥时，升华界面一般以 $1\sim3mm/h$ 的速度向里推进。当物料中的冰晶全部升华时，这一阶段干燥结束，此阶段约除去全部水分的 $90\%$。

③解吸干燥阶段。这一阶段的干燥是物料中的水分蒸发，而不是冰升华。这是因为干燥物质的毛细管壁和极性基团上还吸附有一部分未被冻结的水分，属结保水。其能量高，必须提供足够的能量，才能使其从吸附中解脱出来，因此，此阶段产品所受的温度在允许条件下应尽量提高。同时，为了使解析出的水蒸气有足够的推动力逸出已干物料，必须使产品内外形成最大的压差，即高真空状态。该阶段的时间一般为总干燥时间的 $1/3$，此阶段结束后，干燥制品的含水量仅为 $0.5\%\sim4\%$。

食品冷冻干燥是在低温、低压下进行，干燥物料的温度低。因此，它和加热干燥相比有许多优点。在物理方面，冷冻干燥食品不干缩、不变形、表面无硬化，内部结构为多孔状，复水性好，可达到速溶；在化学方面，可以最大限度保持食品的营养成分、风味和色泽。但是，冷冻干燥设备较贵、干燥时间较长、生产成本高，一般只适于人参、咖啡、菌类等高价格食品的干燥。

**（2）喷雾干燥**

喷雾干燥是将物料液通过雾化器的作用，喷洒成极细的雾状液滴，并依靠干燥介质（热空气等）与雾滴均匀混合，进行热交换和质交换，使水分汽化的过程。喷雾干燥的方法一般有以下 3 种：

①压力喷雾干燥。是采用压力为 0.5～1MPa 的高压泵将物料通过雾化器，使之克服表面张力而雾化成微粒，在干燥室内与温度约为 135℃ 的热空气接触，在瞬间获得干燥，可制作奶粉、南瓜粉等产品。

②离心喷雾干燥。是利用高速旋转离心盘，使液体受离心力作用而分散成雾滴，同时与热空气接触达到瞬间干燥的目的。离心机的转速取决于物料的黏度，生产固体饮料时水果汁可使用 10 000～15 000r/min 的转速；咖啡则可使用 6 000～10 000r/min 的转速。

③气流喷雾干燥。是利用高速气流对液膜的摩擦分裂作用而把液体雾化，这种工艺能保存食品原有质量和风味，保持良好的分散性，可用于奶粉生产。

喷雾干燥具有干燥速度快、干燥温度低、操作方便等特点，干燥的产品具有良好的分散性、溶解性和疏松性，其色、香、味及各种营养成分的损失都很小，适宜连续化、自动化加工，广泛应用于奶粉、蛋粉、果蔬制品、固体饮料和酵母粉等产品的加工。

### 3.3.4.4 超临界 $CO_2$ 萃取技术

超临界 $CO_2$ 萃取技术用于从食品中提取出目标成分。食品以液态为主，便于超临界 $CO_2$ 与这种食品充分混合；也可用于固体食品，但应将其破碎成微粒。而提取的目标成分为有益成分，提取后可添加到其他食品中作为食品添加剂，如番茄红素等；也可为有害成分，如从大豆油中提取甘油酯，进行脱臭。

超临界 $CO_2$ 萃取原理。气体在达到它的临界温度和临界压力后，表现出具有液体性质的状态（超临界液体），这时它具有与液体相似的密度、与气体相似的扩散性和黏度，因而具有较大的溶解能力和较高的传递特性。将超临界流体的温度升高或压力降低后，它恢复气体状态，与被溶解的物质分离。超临界流体萃取技术就是利用超临界气体具有的优良溶解性，以及这种溶解性随温度和压力变化而变化的原理，通过调整气体密度，提取不同物质。其中最常用的方法是超临界 $CO_2$ 萃取技术。这种技术的优点是操作温度接近室温，对有机物选择性较好，溶解能力强、无毒、无残留，产品易于分离等。特别适合于天然产物的分离精制，如咖啡因的脱除；沙棘油、啤酒花和芦荟中有效成分的萃取等。

超临界 $CO_2$ 萃取技术的关键是温度和压力的控制。温度和压力的匹配使气态的二氧化碳变成液态二氧化碳。例如，温度为 50℃，压力为 18MPa，此时超临界 $CO_2$ 具有良好的流动性，与物料混合后将其中成分萃取到液态二氧化碳中。当压力降低或改变温度时，液态二氧化碳变为气态，被萃取的成分就分离开，得到萃取产品。这种技术较之传统的加热萃取、溶剂萃取等有以下优点：

①在常温（35～50℃）下操作，节省能源，不会造成被萃取成分的受热氧化，能萃取热稳定性差的成分（如维生素等）。

②二氧化碳性质稳定，且无毒、无害，提取后的成分纯净，不含杂质，保持被萃取成分的天然属性。

③设备简单，萃取和分离一体化。

④二氧化碳是非可燃物质，生产安全性好。

⑤二氧化碳可以反复使用，生产成本低。

⑥二氧化碳不会污染环境，是环境友好型的生产方式。

因此，食品工业已逐渐应用该技术，替代落后的传统萃取技术。

### 3.3.4.5　膜分离技术

膜分离技术普遍用于液态食品中组分的分离。例如，由普通的饮用水生产纯净水，作为终产品，也可作为原料水加工其他食品；也可应用膜分离技术从液态食品中分离出有用组分，进而制得纯净的加工品，如从果汁中分离出有机酸；也可分离出有害成分，制得净化的加工品，如从糖液中去除无机离子制得纯净糖液，脱水成使用汤。因此，膜分离是一种先进的净化技术，被广泛用于液态食品生产中。

膜分离技术是一种用天然或人工合成的高分子薄膜，以外界能量或化学位差为推动力，对双组分或多组分混合物进行分离、分级、提纯和浓缩的方法。该技术有两个典型的特点：一是分离过程为纯物理过程，被分离组分既不会有热学性质的变化，也不会造成化学和生物性质的改变；二是膜分离工艺是以组件形式构成的，因此不同的组件可以适应不同生产能力的需要，与传统的分离（如蒸发、萃取或离子交换）操作相比，具有能耗低、化学品消耗少、操作方便、不产生二次污染的特点。

该分离膜把一个容器分隔成两部分，一侧是水溶液，另一侧是纯水；或者膜的两侧为浓度不相同的溶液。通常把小分子溶质透过膜向纯水侧或稀溶液侧移动，水分透过膜向溶液侧或浓溶液侧移动的分离过程称为渗析（或透析）。如果仅溶液中的水分（溶剂）透过膜向纯水侧或浓溶液侧移动，溶质不透过膜移动，这种分离称为渗透。膜分离是基于膜孔尺寸的不同，当膜两侧存在某种推动力（如压力、电位差）时，原料一侧组分选择性地透过膜，达到分离、提纯目的。其方法主要有以下 3 种：

**（1）反渗透**

反渗透是利用反渗透膜及对溶液施加压力以克服溶液的渗透压，将溶剂（通常为水）通过反渗透膜而从溶液中分离出来的过程。施加压力一般为 $1\sim2$MPa，反渗透膜是卷状放置一个不锈钢管中，其材质以有机质的无纺布为多，如醋酸纤维，其孔径均匀一致，孔径大小取决于分离出组分的直径，一般为 $1\mu m$ 左右，这种反渗透膜还可截留细菌，生产的纯净水已达到或接近无菌。由于反渗透膜截留细菌和溶质，使工作压力提高才能得到预想产率，因此需用磷酸等酸液定期清洗，使其恢复原有的孔径。当压力过大或长期未清洗，则会造成反渗透膜的局部破损，此时必须更换反渗透膜。反渗透的最大特点是能截留绝大部分和溶剂分子含量同一数量级的溶质，而获得相当纯净的溶质。

**（2）超滤**

应用孔径为 $1.0\sim20.0$nm（或更大）的超滤膜来过滤含有大分子或微细粒子的溶液，使大分子或微细粒子从溶液中分离的过程称之为超滤。与反渗透类似，超滤的推动力也是压差，在溶液侧加压，使溶剂透过膜而分离。与反渗透不同的，在超滤过程中，小分子溶质将随同溶剂一起透过超滤膜。超滤膜是一种非对称膜，其表面活性层有孔径 $(0.1\sim2)\times10^{-8}$m 的微孔，能截留相对分子质量为 500 以上大分子和胶体微粒，所用压差为 $0.1\sim0.5$MPa。其截留机理主要是筛分作用，决定截留效果的主要因素是膜的表面活性层上孔的大小和形状。

**（3）电渗析**

电渗析是在外电场的作用下，利用一种特殊膜（称为离子交换膜）具有对阴、阳离子不同的选择性渗析而使溶液中的阴、阳离子与溶剂分离的方法。阴离子在电场作用下通过阳离子膜，落在阳极上；阳离子在电场作用下通过阴离子膜，落在阴极上。脱除阴、阳离子的水放出，作为纯水。

在乳品工业中，反渗透、超滤技术主要应用于乳清蛋白的回收、脱盐和牛乳的浓缩。在饮料工业中，反渗透主要应用于原果汁的预浓缩，其优点是能较好地保留原果汁中的芳香物质及维生素，而普通的蒸发法浓缩则几乎将其全部破坏和丢失。超滤主要用于果汁的澄清，其特点是操作简便，果汁澄清度高，澄清速度快，且超滤后果汁中的细菌、霉菌、酵母和果胶被去除，产品的保质期较长。在豆制品工业中，膜分离主要应用于从废液中回收蛋白质，废液包括生产豆腐、豆酱等大豆的预煮液、制取大豆蛋白质的大豆乳清废液等，如果不合理处理这些废液，既会造成浪费，又会污染环境。在油脂工业中，超滤分离技术的应用能大大简化含油废水的处理工艺，有用物质的回收率高，净化后的水可循环使用。电渗析技术主要用于纯净水生产以及其他食品生产过程中去离子的纯化。

### 3.3.4.6　杀灭菌技术

　　杀灭菌技术广泛用于各种食品中，传统工艺为加热和添加防腐剂。绿色食品生产中除包装工艺所限需添加尽量少的防腐剂外，应采用加热杀灭菌，但科学应用杀灭菌强度可防止食品中营养价值的降低。至于辐射杀灭菌技术，一则成本较高，再则可能造成副作用，而不被广泛应用。

　　绿色食品加工中的杀灭菌工艺是通常的工艺，它保证加工类绿色食品消除微生物危害，它可用于加工过程的各个环节，如原料杀灭菌（如冰淇淋生产），中间产品杀灭菌（如酸牛乳生产）以及成品杀灭菌（如饮料生产）。绿色食品生产过程中尽量不采用化学杀灭菌方法，即添加防腐剂，除辐射及其他物理方法（如紫外线）外，加热杀灭菌是最普遍的。

　　**(1) 杀灭菌技术类别**

　　依工艺条件可分为以下两类：

　　①巴氏杀菌。依据加热强度（加热温度及维持时间的结合），巴氏杀菌分成低温长时间巴氏杀菌（LTLT），即63℃、30min或72℃、15s；高温短时间杀菌（HTST），即80℃，数秒，当脂肪含量高时，允许增高3℃，这是国际公认的规范杀菌工艺。但有些国家采取超巴氏杀菌，温度提到85℃，甚至更高，以便提高杀菌效果。例如，生乳杀菌可采用巴氏杀菌，即可有效杀死致病菌。但当生乳菌落总数高，为了有效杀菌采取超巴氏杀菌，但其不良后果是生乳中的蛋白质和乳糖的结合程度加大，这就是曼拉特反应的结果，使之不易被人体消化吸收。因此，生产优质的绿色食品牛奶，应选用菌落总数低的生乳，采用巴氏杀菌技术。

　　②超高温灭菌（UHT）。加热强度为132℃、2s。这种杀灭菌工艺可将细菌芽孢杀死，产品能有更长的保质期。例如，牛奶加工中的超高温灭

菌乳的保质期可达 3 个月，若包装密封程度好的话，保质期可长达 6 个月，甚至更长。

除了以上两种杀灭菌工艺外，还有介于两者之间的杀灭菌方法，如间歇式高温灭菌（又称保持杀菌），即 115～120℃，数秒。

**（2）杀灭菌设备类别**

杀灭菌设备多样，依据工艺条件选择不同的设备类型，主要有以下几类：

①热交换器。用于巴氏杀菌，尤其是低温长时间巴氏杀菌，经历时间长，温度不高，包括管式热交换器（列管式或套管式热交换器）、螺旋式热交换器、挤压滚筒热交换器、板式热交换器。它们各具优、缺点，用于不同食品的杀菌。

②沸水槽。用于高温杀菌，保持温度达 100℃，控制加热时间取出食品。该法常用于包装后杀菌。

③高压灭菌锅。用于超高温灭菌或间歇式高温灭菌，根据所需温度调节压力。这种灭菌需短时间内完成，因此，过了这加热时间需要降温时，靠蒸气流动，以及加热物件的迅速制冷均有一定限度，难以在一二秒内完成。目前，常采用急剧减压法完成短时间内的降温。

④其他。紫外光杀菌器、臭氧发生器用于矿泉水、纯净水、饮料、肉制品及果蔬的杀菌、保鲜。还有辐射、高压电场、脉冲电场、磁力等杀菌设备，但这些设备造价高，尚未推广。

### 3.3.4.7　清洗技术

清洗技术广泛用于初级农产品的原料清洗以及加工设备清洗。清洗效果直接影响产品的质量安全，同时也影响加工设备的清洁及其对加工食品的二次污染。以下分两类叙述。

**（1）初级农产品的清洗**

蔬菜、水果加工的前道工艺是清洗，板式清洗机由定向滚动的底盘、上置的喷淋管和高度固定的刷头组成。物料放置板式清洗机后，自动前行，滚动时有喷淋的水及刷头将各部位的泥土及农药清洗下来。清洗的效果主要取决于喷淋的水溶液，为了清洗掉农药残留，喷淋水应使用弱碱溶液为宜，如小苏打溶液，浓度以 5% 为宜。前段喷淋后，后段应用清水清洗。

**（2）加工设备清洗**

加工设备中残留的成分会造成细菌繁殖，必须清洗。清洗的残留成分主要为脂肪、蛋白质，以乳制品加工为典型。清洗程序应采用国际统一的现场清洗程序（CIP），对物料经过的整个生产系统，包括贮罐、管道等，从开端到末端进行自动控制式清洗，每个程序结束后将清洗液连同洗下的残留物料排出，然后进入下一程序。该程序依次如下：

①弱碱溶液。用以洗下脂肪，成分以碳酸钠或碳酸氢钠、浓度以10％为宜。不可使用强碱，尤其是强腐蚀性碱类，如氢氧化钠、氢氧化钾等，以免腐蚀内壁。

②清水。洗出上一程序的残留碱液连同脂肪（其中会包含蛋白质）。

③弱酸溶液。用以洗下蛋白质，成分以磷酸、浓度以10％为宜。不可使用强酸，尤其是强氧化性、强腐蚀性酸类，如硫酸、硝酸、高氯酸等，以免腐蚀内壁。

④清水。洗出上一程序的残留酸液连同蛋白质。

⑤清水。洗后排出液测定酸碱度，若呈中性，且透明，无悬浮物、无沉淀物，则整个程序到此结束。否则，重复该程序。

需要说明的是绿色食品生产企业不可无依据地选用清洗液，最后一次清水洗后排出液不可未经测定就终止清洗程序。我国乳品厂曾发生过用双氧水做清洗液，而且未经清洗液测定就终止清洗程序，结果生产系统中残留双氧水，清洗后生产的牛奶含有双氧水，导致消费者集体中毒，成为我国的食品安全事故。

## 3.3.5　绿色食品包装

绿色食品包装的体积和质量应限制在最低水平，包装实行减量化，即保证盛装；保护运输、储藏和销售的功能前提下，包装首先考虑的因素是尽量减少材料使用的总量。在技术条件许可与商品有关规定一致的情况下，应选择可重复使用的包装；若不能重复使用，包装材料应可回收利用；若不能回收利用，则包装废弃物应可降解，成为环境友好型包材。包装材料是关系到食品安全的首要因素，以下分述几种绿色食品包装材料：

**（1）塑料包装**

塑料包装材料的污染来源包括表面静电吸附的尘埃、塑料的有毒残留物（如单体、低聚物和老化产物等）和添加剂（包括增塑剂、抗氧化剂、热稳定剂、抗静电剂、填育改良剂、润滑剂、着色剂等）。绿色食品选用塑料制品作为包装材料时，其所用添加剂应选极难从塑料中析出的品种。在内装物完好无损的前提下，应尽量采用单一材质的材料。

食品常用塑料包装制品的材质主要有以下几种：

①聚乙烯。是乙烯的聚合物，分为低密度的高压聚乙烯和高密度的低压聚乙烯两种，可制成薄膜和食具。常用的塑料瓶可由以上两种聚乙烯混合制成，其材料称为高低压聚乙烯。聚乙烯是一种无毒材料，但聚乙烯塑料中的乙烯单体残留物具有低毒，且上述各种添加剂中有些品种具有一定毒性。为此，应优先选用无毒的添加剂，应尽量降低其含量，且尽量避免与食品直接接触。

②聚丙烯。是丙烯的聚合物，其中丙烯单体残留极少，其安全性比聚乙烯塑料更高。但聚丙烯塑料容器易老化，需加入抗氧化剂和紫外线吸收剂等添加剂。这些添加剂的受热逸出会污染食品。

③聚苯乙烯。是苯乙烯的聚合物，无毒，不易长霉，卫生安全性好。聚苯乙烯塑料中的苯乙烯单体以及乙苯、异丙苯、甲苯等挥发性物质均为低毒。

以上3种塑料是绿色食品包装的常用材料，安全性较高。使用时应选用无色素、非再生、生产工艺优良的材料，且其中单体残留量应处于较低的水平（美国FDA规定小于1%，欧洲规定小于0.5%）。

如果使用聚苯乙烯树脂或成型品必须符合国家相关标准要求。绿色食品禁用含氟氯烃的发泡聚苯乙烯、聚氨酯等产品。

**（2）纸类包装**

纸类是常见的包装材料。造纸的原料主要是各种纸浆，如木浆、棉浆和草浆等，加入化学辅助原料，如硫酸铝、纯碱、亚硫酸钠等。纯净的纸是无毒的，但食品包装用纸安全性可能存在以下影响因素：纸的原料有污染物，影响接触的食品；经荧光增白剂处理的包装纸有荧光化学物质；包装纸涂蜡层中具有多环芳烃；纸面印刷油墨和颜料中含有各种有机物；纸面长霉，污染接触食品等。

因此，在使用纸质包装时，纸表面不允许涂蜡、上油；不允许涂塑料等防潮材料；纸箱连接应采取黏合方式，不允许扁丝钉钉合；纸箱上所做标记必须是水溶性油墨，不允许用油溶性油墨。

**（3）金属包装**

绿色食品包装用金属主要有铁、铝等，制成的包装容器主要有易拉罐、铝箔袋。铝箔包装固体食品为宜，不易受到铝的污染，铝箔表面应光滑。金属类包装中禁止使用对人体和环境造成危害的密封材料和内涂料。

**（4）玻璃包装**

无色玻璃主要由碱金属、碱土金属的硅酸盐和铝硅酸盐组成，是一种化学性质稳定、安全性良好的惰性材料。避光食品应选用合适的着色剂、良好的加工工艺、并经金属离子溶出试验证明为合格的有色玻璃瓶。

**(5) 陶瓷包装**

陶瓷由黏土矿物的陶土表面涂上陶釉烧制而成，釉的化学成分与玻璃相似，陶瓷容器主要装酱菜和其他传统风味食品。陶瓷是一种安全的包装材料，能回收反复使用。但是，因陶釉中含有铅盐，不能盛装醋、果汁等酸性食品，以免溶出。

除了包装材料外，绿色食品包装还应达到以下几点要求：

①绿色食品加工产品的包装要有良好的密封性，防止外界的污染物质进入，也防止空气进入，以免加快食品的氧化变质和好氧菌的生长繁殖。

②容器内可以充氮或抽真空，抑制食品中微生物生长和化学成分氧化。

③对光线敏感的食品（如婴幼儿配方奶粉）应使用不透光的金属罐或膜包装。罐头包装应经得起商业无菌的检验和焊锡溶出的质量检验。

④禁用聚氯乙烯包装容器，即使符合相关的国家标准，也不得用于绿色食品。因为该类材料中未聚合的氯乙烯单体会污染被包装的食品，尤其是含油脂高的食品。氯乙烯对人体的毒性远大于乙烯。

# 附　录

ICS 67.220
X 40

# 中华人民共和国农业行业标准

NY/T 392—2013
代替 NY/T 392—2000

## 绿色食品　食品添加剂使用准则

Green food—Food additive application guideline

2013 -12 -13 发布

2014 - 04 - 01 实施

## 中华人民共和国农业部 发布

# 前　言

本标准按照 GB/T 1.1—2009 给出的规则起草。

本标准代替 NY/T 392—2000《绿色食品　食品添加剂使用准则》。与 NY/T 392—2000 相比，除编辑性修改外主要技术变化如下：

——食品添加剂使用原则改为 GB 2760《食品安全国家标准　食品添加剂使用标准》相应内容；

——食品添加剂使用规定改为 GB 2760 相应内容；

——删除了绿色食品生产中不应使用的食品添加剂：过氧化苯甲酰、溴酸钾、过氧化氢（或过碳酸钠）、五碳双缩醛（戊二醛）、十二烷基二甲基溴化胺（新洁尔灭）；

——删除了面粉处理剂；

——增加了 A 级绿色食品生产中不应使用的食品添加剂类别酸度调节剂、增稠剂、胶基糖果中基础剂物质及其具体品种。

本标准由农业部农产品质量安全监管局提出。

本标准由中国绿色食品发展中心归口。

本标准起草单位：农业部乳品质量监督检验测试中心、河南工业大学、中国绿色食品发展中心。

本标准主要起草人：张宗城、刘钟栋、孙丽新、李鹏、薛刚、阎磊、郑维君、张燕、唐伟、陈曦。

本标准的历次版本发布情况为：

——NY/T 392—2000。

# 引　言

　　绿色食品是指产自优良生态环境、按照绿色食品标准生产、实行全程质量控制并获得绿色食品标志使用权的安全、优质食用农产品及相关产品。本标准按照绿色食品要求，遵循食品安全国家标准，并参照发达国家和国际组织相关标准编制。除天然食品添加剂外，禁止在绿色食品中使用未经联合国食品添加剂联合专家委员会（JECFA）等国际或国内风险评估的食品添加剂。

　　我国现有的食品添加剂，广泛用于各类食品，包括部分农产品。GB 2760 规定了食品添加剂的品种和使用规定。NY/T 392—2000《绿色食品　食品添加剂使用准则》除列出的品种不能在绿色食品中使用外，其余均执行 GB 2760—1996。随着该国家标准的修订及我国食品添加剂品种的增减，原标准已不适应绿色食品生产发展的需要。同时，在此修订前，国外在食品添加剂使用的理论和应用上均有显著的发展，有必要借鉴于本标准的修订。

　　本标准的实施将规范绿色食品的生产，满足绿色食品安全优质的要求。

# 绿色食品　食品添加剂使用准则

## 1　范围

本标准规定了绿色食品食品添加剂的术语和定义、食品添加剂使用原则和使用规定。

本标准适用于绿色食品生产。

## 2　规范性引用文件

下列文件对于本文件的应用是必不可少的。凡是注日期的引用文件，仅注日期的版本适用于本文件。凡是不注日期的引用文件，其最新版本（包括所有的修改单）适用于本文件。

GB 2760　食品安全国家标准　食品添加剂使用标准

GB 26687　食品安全国家标准　复配食品添加剂通则

NY/T 391　绿色食品　产地环境质量

## 3　术语和定义

GB 2760 界定的以及下列术语和定义适用于本文件。

### 3.1

**AA 级绿色食品　AA grade green food**

产地环境质量符合 NY/T 391 的要求，遵照绿色食品生产标准生产，生产过程中遵循自然规律和生态学原理，协调种植业和养殖业的平衡，不使用化学合成的肥料、农药、兽药、渔药、添加剂等物质，产品质量符合绿色食品产品标准，经专门机构许可使用绿色食品标志的产品。

### 3.2

**A 级绿色食品　A grade green food**

产地环境质量符合 NY/T 391 的要求，遵照绿色食品生产标准生产，生产过程中遵循自然规律和生态学原理，协调种植业和养殖业的平衡，限量使用限定的化学合成生产资料，产品质量符合绿色食品产品标准，经专门机构许可使用绿色食品标志的产品。

### 3.3

**天然食品添加剂　natural food additive**

以物理方法、微生物法或酶法从天然物中分离出来，不采用基因工程获得的产物，经过毒理学评价确认其食用安全的食品添加剂。

**3.4**

**化学合成食品添加剂　chemical synthetic food additive**

由人工合成的，经毒理学评价确认其食用安全的食品添加剂。

## 4　食品添加剂使用原则

**4.1**　食品添加剂使用时应符合以下基本要求：

　　a)　不应对人体产生任何健康危害；

　　b)　不应掩盖食品腐败变质；

　　c)　不应掩盖食品本身或加工过程中的质量缺陷或以掺杂、掺假、伪造为目的而使用食品添加剂；

　　d)　不应降低食品本身的营养价值；

　　e)　在达到预期的效果下尽可能降低在食品中的使用量；

　　f)　不采用基因工程获得的产物。

**4.2**　在下列情况下可使用食品添加剂：

　　a)　保持或提高食品本身的营养价值；

　　b)　作为某些特殊膳食用食品的必要配料或成分；

　　c)　提高食品的质量和稳定性，改进其感官特性；

　　d)　便于食品的生产、加工、包装、运输或者贮藏。

**4.3**　所用食品添加剂的产品质量应符合相应的国家标准。

**4.4**　在以下情况下，食品添加剂可通过食品配料（含食品添加剂）带入食品中：

　　a)　根据本标准，食品配料中允许使用该食品添加剂；

　　b)　食品配料中该添加剂的用量不应超过允许的最大使用量；

　　c)　应在正常生产工艺条件下使用这些配料，并且食品中该添加剂的含量不应超过由配料带入的水平；

　　d)　由配料带入食品中的该添加剂的含量应明显低于直接将其添加到该食品中通常所需要的水平。

**4.5**　食品分类系统应符合 GB 2760 的规定。

## 5　食品添加剂使用规定

**5.1**　生产 AA 级绿色食品应使用天然食品添加剂。

**5.2**　生产 A 级绿色食品可使用天然食品添加剂。在这类食品添加剂不能满足生产需要的情况下，可使用 5.5 以外的化学合成食品添加剂。使用的食品添加剂应符合 GB 2760 规定的品种及其适用食品名称、最大使用量和备注。

**5.3**　同一功能食品添加剂（相同色泽着色剂、甜味剂、防腐剂或抗氧化剂）混合使用时，各自用量占其最大使用量的比例之和不应超过 1。

**5.4**　复配食品添加剂的使用应符合 GB 26687 的规定。

**5.5**　在任何情况下，绿色食品不应使用下列食品添加剂（见表 1）。

### 表 1　生产绿色食品不应使用的食品添加剂

| 食品添加剂功能类别 | 食品添加剂名称（中国编码系统 CNS 号） |
|---|---|
| 酸度调节剂 | 富马酸一钠（01.311） |
| 抗结剂 | 亚铁氰化钾（02.001）、亚铁氰化钠（02.008） |
| 抗氧化剂 | 硫代二丙酸二月桂酯（04.012）、4-己基间苯二酚（04.013） |
| 漂白剂 | 硫黄（05.007） |
| 膨松剂 | 硫酸铝钾（又名钾明矾）（06.004）、硫酸铝铵（又名铵明矾）（06.005） |
| 着色剂 | 新红及其铝色淀（08.004）、二氧化钛（08.011）、赤藓红及其铝色淀（08.003）、焦糖色（亚硫酸铵法）（08.109）、焦糖色（加氨生产）（08.110） |
| 护色剂 | 硝酸钠（09.001）、亚硝酸钠（09.002）、硝酸钾（09.003）、亚硝酸钾（09.004） |
| 乳化剂 | 山梨醇酐单月桂酸酯（又名司盘 20）（10.024）、山梨醇酐单棕榈酸酯（又名司盘 40）（10.008）、山梨醇酐单油酸酯（又名司盘 80）（10.005）、聚氧乙烯山梨醇酐单月桂酸酯（又名吐温 20）（10.025）、聚氧乙烯山梨醇酐单棕榈酸酯（又名吐温 40）（10.026）、聚氧乙烯山梨醇酐单油酸酯（又名吐温 80）（10.016） |
| 防腐剂 | 苯甲酸（17.001）、苯甲酸钠（17.002）、乙氧基喹（17.010）、仲丁胺（17.011）、桂醛（17.012）、噻苯咪唑（17.018）、乙萘酚（17.021）、联苯醚（又名二苯醚）（17.022）、2-苯基苯酚钠盐（17.023）、4-苯基苯酚（17.024）、2,4-二氯苯氧乙酸（17.027） |

**表1（续）**

| 食品添加剂功能类别 | 食品添加剂名称（中国编码系统 CNS 号） |
|---|---|
| 甜味剂 | 糖精钠（19.001）、环己基氨基磺酸钠（又名甜蜜素）及环己基氨基磺酸钙（19.002）、L-α-天冬氨酰-N-（2，2，4，4-四甲基-3-硫化三亚甲基）-D-丙氨酰胺（又名阿力甜）（19.013） |
| 增稠剂 | 海萝胶（20.040） |
| 胶基糖果中基础剂物质 | 胶基糖果中基础剂物质 |
| **注**：对多功能的食品添加剂，表中的功能类别为其主要功能。 | |

# 主要参考文献

GB 2760—2014　食品安全国家标准　食品添加剂使用准则.

GB 7718—2011　食品安全国家标准　预包装食品标签通则.

GB 14880—2012　食品安全国家标准　食品营养强化剂使用标准.

GB 26878—2011　食品安全国家标准　食用盐碘含量.

GB 30616—2014　食品安全国家标准　食品用香精.

QB/T 4003—2010　食用香精标签通用要求.

中华人民共和国国务院令第 163 号　食盐加碘消除碘缺乏危害管理条例.

CAC/GL 03 - 1989　Guideline for Simple Evaluation of Food Additive Intake.

CAC/GL 36 - 1989，Rev. 2008 Class Names and the International Numbering System for Food Additives.

Code of Federal Regulations，Title 21，Volume 3，Part 170，Food Additives.

Code of Federal Regulations，Title 21，Volume 3，Part 172，Food Additives Permitted for Direct Addition to Food for Human Consumption.

Code of Federal Regulations，Title 21，Volume 3，Part 177，Indirect Food Additives：Polymer.

Code of Federal Regulations，Title 21，Volume 3，Part 180，Food Additives Permitted in Food or in Contact with Food on an Interim Basis Pending Additional Study.

CODEX STAN 192 - 1995，Rev. 7 - 2006 Codex General Standard for Food Additives.

CODEX STAN 245 - 2004，Rev. 2011 Standard for Oranges.

Commission Regulation（EU）No 380/2012 of 3 May 2012 Amending Annex II to Regulation（EC）No 1333/2008 of the European Parliament and of the Council as regards the Conditions of Use and the Use Levels for Aluminium-containing Food Additives（Text with EEA Relevance）.

ILSI Japan/Maff Project，Investigation of Commodity Food Standard and Analytical Methods in Asia，Investigation Forms：Japan.

Regulation（EC）No 1333/2008 of the European Parliament and of the Council of 16 December 2008 on Food Additives（Text with EEA Relevance）.